GHIDUL
LĂUDĂROSULUI

Expert în gastronomie

Neil Davey

Neil Davey
Ghidul lăudărosului – Expert în gastronomie

ALIAS PUBLISHING
Cpt. Av. Mircea Petre nr. 21, sector 1, București
tel.: 021.317.91.37; 021.317.91.42; fax.: 021.317.91.43

Descrierea CIP a Bibliotecii Naționale a României
DAVEY, NEIL
Ghidul lăudărosului – Expert în gastronomie / Neil Davey; trad.: Raluca Ștefan - București: Alias Publishing, 2015
ISBN 978-606-94100-5-9

Design și ilustrație copertă: ALEXANDRA BARDAN
Redactor: ALEXANDRU ARION
Tehnoredactor: LAURA TIBĂR
Bun de tipar: decembrie 2015

Tipărit în România, CORESI

Neil Davey

GHIDUL
LĂUDĂROSULUI

Expert în gastronomie

Traducere din limba engleză
de Raluca Ştefan

Nici vorbă să mai găsești vreun colț liniștit într-o bibliotecă; sunt toate șansele să se fi transformat deja într-un restaurant hibrid malaeziano-persan, ivit pe neașteptate de nicăieri.

SĂ ÎNCEPEM

Mâncarea este des întâlnită în lumea occidentală, ceea ce este foarte bine, altfel n-am duce-o prea mult. Doar că și-a depășit cam mult rolul inițial de substanță primară de întreținere a vieții, devenind un element central al culturii moderne. E imposibil să mai deschizi televizorul fără să dai peste un tip concentrat să demonstreze o rețetă, altul care aduce injurii isterice la adresa abilităților de bucătar ale altcuiva sau chiar peste un american masiv, care se aruncă cu îndârjire asupra unui hamburger de mărimea unui bebeluș.

Și nu doar la TV. Nu mai deschizi un ziar sau o revistă fără să dai peste o celebritate care te învață cum să gătești, un bucătar care să-ți spună cum să mănânci sau un supliment de presă dedicat unui bucătar-vedetă, care să-ți spună de toate. Barurile au devenit gastrobaruri, vânzătorii ambulanți deschid restaurante, iar bucătarii cu ștaif își aduc marfa în stradă. Nici vorbă să mai găsești vreun colț liniștit într-o bibliotecă; sunt toate șansele să se fi transformat deja într-un restaurant hibrid malaeziano-persan, ivit pe neașteptate de nicăieri, un club de luat cina sau o locație cu o abordare post-ironică și hipsterească a unui restaurant tip *Wimpy Burger*.

Nici dacă iei cina cu prietenii nu este vreo salvare. În timpul mesei, cu siguranță conversația se va îndrepta spre subiecte precum dineurile copioase de altădată, locuri bune unde s-a mâncat recent și ce s-a gătit în săptămâna în curs. În același timp, se vor analiza pe îndelete toate ingredientele prezente pe masă, se vor furniza detalii precise despre tehnica de gătit utilizată și sursele de proveniență ale tuturor ingredientelor, indicate cu precizie, și se vor face planuri pentru locul de *brunch* de a doua zi.

Evident, regulile s-au schimbat. Să fii un tip pasionat de gătit, care a încercat, la un moment dat, o rețetă prezentată de Keith Floyd[1] la televizor nu mai este de-ajuns. Acum trebuie să venerezi mâncarea având o experiență bogată sub curea, o dorință de nestăvilit de a studia (și de a fotografia) tot ce consumi („Știu că arată ca o felie de brânză cheddar și un biscuit cu smântână, dar, de fapt, este *biscuit cu brânză în abordare rustică cu drajeu descompus de praz*") și o cultură în domeniu atât de vastă, că ai putea câștiga cu ușurință *Mastermind*[2] („Iar specializarea dvs. este? Enigmele nedeslușite ale bucătăriei globale, de la 1800 până în zilele noastre.")

Subiectul mâncării seamănă tot mai mult cu un câmp minat unde, pentru a-ți păstra credibilitatea intactă, va trebui să înțelegi și să participi cu detalii precise la conversațiile colegilor de masă despre calitățile discutabile ale felurilor *bo ssam* și *warabi-mochi* – mai precis porc coreean învelit în frunză de salată și o budincă japoneză cu coji de ferigă, dacă e mai clar așa.

Zilele în care obișnuiam să ne relaxăm și să ne bucurăm de o cină plăcută au dispărut demult. Mâncarea se studiază și se disecă în aceeași măsură în care se mestecă și se gustă. Dacă ți se pare complicat, ai dreptate, nu e doar o părere. Și de-asta s-a inventat această carte.

---

1 – Keith Floyd (28 decembrie 1943 – 14 septembrie 2009) a fost un renumit bucătar englez, autor și restaurator, care a prezentat emisiuni culinare la BBC și a scris mai multe cărți despre gastronomie și călătorii.

2 – Joc de logică care presupune descifrarea unor coduri.

Te mai întrebi, probabil, de ce am recurs la sintagma de „adorator al mâncării" în locul banalului și omniprezentului *gurmand*. Adevărul este că indivizii calificați drept gurmanzi disprețuiesc profund acest termen, de aceea folosirea lui te-ar trăda ca fiind un profan irecuperabil, ceea ce nu este deloc obiectivul unui lăudăros cunoscător în ale gurii.

„Adorator al mâncării" sugerează un fel de cult închinat pasiunii pentru mâncare, fapt care este în întregime considerat adecvat în lumea gastronomiei.

Și apoi, ce descriere s-ar potrivi mai bine acestor pasionați extremi ai mâncării? Bună întrebare. Până la data publicării acestei cărți, nu a fost acceptat un termen unic și universal valabil. „*Connoiseur*" e oarecum pompos; „iubitor de mâncare" e, de regulă, acceptat, deși lasă loc de interpretări la adresa unor utilizări inadecvate ale eclerelor cu ciocolată. Pentru un adevărat lăudăros, însă, „cunoscător" și „iubitor" nu surprind atât de bine nivelul de obsesie pe care urmează să-l atingi. „Adorator al mâncării", pe de altă parte, sugerează un fel de cult închinat pasiunii pentru mâncare, ceea ce este în întregime considerat adecvat în lumea gastronomiei.

E indicat, de asemenea, să eviți cuvântul „pasiune". Îl vei auzi foarte des rostit în conversații despre mâncare, de aceea trebuie ocolit cu orice preț. Nu poți să spui, de exemplu, „E atât de plăcut să întâlnești producători artizanali care pun pasiune în tot ceea ce fac" sau „care sunt atât de pasionați de bunăstarea animalelor lor" sau „atât de pasionați" pentru fiecare bucățică a muncii lor în domeniul gastronomiei. Dacă vrei să lauzi un patiser artizanal, atât de „pasionat" încât folosește numai hârtie din orez organic dintr-o cooperativă din Vietnam, atunci găsește alt cuvânt. „Zelos" sau „entuziast" sunt opțiuni valabile.

Lumea în care urmează să pătrundem este într-adevăr fascinantă și adesea complexă; cu o îndrumare atentă, însă, ceva talent personal și stăpânirea unor expresii faciale care trec de la evlavie la nonșalanță, te vei descurca onorabil. Acest îndrumar concis, dar explicit, te va ghida prin zonele principale de risc, posibil să le întâmpini într-o discuție despre mâncare, și te va echipa cu un vocabular și o tehnică atât de evazive, încât riscul de a fi demascat drept un lăudăros notoriu va fi redus la minimum. Îți va oferi, de asemenea, câteva perle de informații esențiale și ușor de ținut minte, care te-ar putea consacra chiar drept expert culinar, de o rară pricepere și iscusință. Și chiar mai mult. Îți va oferi instrumentele necesare pentru a impresiona legiuni întregi de ascultători căzuți în admirație pentru complexitatea cunoștințelor tale despre acest domeniu – fără ca vreunul să poată descoperi că, până să citești, de fapt, această carte, habar n-aveai de diferența dintre metoda de gătit *sous vide*[3] sau reacția Maillard[4].

Doamnelor și domnilor, lăudăroșenia e servită ...

---

3 – Metodă de a găti prin vidarea alimentelor în pungi de plastic și cufundarea lor în apă fierbinte sau în baie de aburi, pentru o perioadă de preparare ceva mai îndelungă.

4 – Reacție chimică între aminoacizi și zaharuri care conferă aromă produselor de panificație.

HRANĂ PENTRU MINTE

„Istoria culinară a lumii" de la editura Cambridge conține câteva mii de pagini legate în două volume care amenință rafturile bibliotecii.

Acest capitol intenționează să trateze cam același conținut, în aproximativ a unsprezecea parte de ghid al lăudărosului. E o sarcină complicată care, ca să fim sinceri, se duce greu la îndeplinire. Totuși, ne luăm inima în dinți. Vei fi foarte încântat să afli că un lăudăros în domeniu nu se bazează niciodată pe cunoștințe vaste. Dimpotrivă, curajul strategiei constă tocmai în a deține tactici remarcabile, în a evita întrebări numeroase și în a dirija conversația către subiecte familiare.

Punctul sensibil al abordării este vastitatea domeniului. Avantajul, în schimb, este tot vastitatea domeniului. Nu este nici o problemă în a recunoaște că nu știm chiar totul despre mâncare (cum am putea ști tot, când există atât de multe bucătării în lume, fiecare cu tipicurile sale regionale?), dar știm totuși suficient – sau ne putem doar lăuda că știm – pentru a masca eventualele lacune.

ŞIRETLICUL UMILINŢEI

Poți obține puncte frumoase dacă îți recunoști sincer limitele. Ironia acestui *Ghid al lăudărosului* constă tocmai în faptul că te pregătește să înfrunți adoratori ai mâncării care, în aproximativ 90% din cazuri, se laudă doar, la fel ca tine. Poate că nu la fel de tare și nu chiar despre tot sau, din contră, poate chiar mai mult ca tine, dar ia chestia asta ca literă de lege: majoritatea copleșitoare a oamenilor care susțin că se pricep la mâncare blufează. Să luăm, de exemplu, un autodeclarat expert în gastronomie japoneză. Nu există așa ceva. Poate cred ei că sunt experți, dar nu sunt. Cum se poate susține chestia asta cu atâta încredere? Însuși faimosul bucătar japonez Nobu Matsuhisa nu se consideră pe sine un expert sushi. Majoritatea bucătarilor de sushi petrec primii doi ani gătind nimic altceva decât orez. Nu li se permite să se apropie măcar de vreo frunză de algă, darămite de o bucată de pește sau un cuțit tăios, luni de zile – ani, câteodată. E un proces care induce un grad considerabil de umilință și, tocmai de aceea, un om în a cincea decadă a carierei sale și proprietar al unui lanț de 25 de restaurante japoneze în lumea întreagă se consideră încă un novice în prepararea sushi-ului. Din același motiv, o persoană care a căutat vreodată informații despre sushi online, a ales o farfurie cu sashimi de pe banda rulantă sau a cumpărat cândva pește și orez învelite în celofan dintr-o vitrină frigorifică nu poate fi considerată expert.

Un lăudăros, însă, poate învăța foarte multe de la un astfel de bucătar de sushi, fiindcă un grad de umilință în abordare poate deveni o armă utilă în arsenalul de bluf și care, sincer sau exersat, te va face să pari mult mai credibil. Dacă persoana cu care te „duelezi" nu e un critic culinar profesionist sau un bucătar (care, în plus, să mai fi și acumulat jumătate de milion de mile aeriene mâncând în toate colțurile lumii), atunci cu siguranță va blufa despre cel puțin câteva aspecte ale conversației despre mâncare. Lăudărosul fezandat – cu alte cuvinte, orice persoană care are la dispoziție această carte – poate adopta o atitudine de nonșalanță deplină în a-și admite posibile lacune asupra anumitor bucătării. Într-o lume în care a blufa este conduita firească, probabil că acele momente tăcute și discrete sunt cu adevărat puternice. Demonstrează, de fapt, un simț al modestiei, o dorință de a învăța lucruri noi și de a permite afirmații precum: „Ei bine, așa e cu arta culinară – nu poți să știi chiar tot, iar aventura descoperirii e partea care-mi place cel mai tare." După care, evident, vei redirecționa discret conversația către subiecte legate de mâncare, cu care ești mai familiarizat.

ESTE AUTENTIC?

Mai există un cuvânt care se va ivi adesea, la intervale regulate: *autenticitate*. Se pare că întreaga rațiune de-a exista a unui adorator de mâncare este de a descoperi cea mai *autentică* experiență posibil. De fiecare dată când ai trecut pragul unui restaurant etnic, prima întrebare care îți va fi adresată, chiar înainte de „Ți-a plăcut?" sau „A fost bun?", e „Ți s-a părut autentic?" Ceea ce este, de fapt, un aspect destul de pozitiv, deoarece rar s-a mai găsit o întrebare care să ofere atâtea oportunități unui lăudăros.

Mulți adoratori de mâncare mai puțin pregătiți se vor panica la auzul acestei întrebări, fiindcă înțelesul ei ascuns se referă, de fapt, la cât de mult a călătorit cineva și la cât de bine își amintește specificul fiecărei bucătării tradiționale. Se mai spune, de asemenea, că preparatele degustate în acele călătorii au fost chiar chintesența bucătăriilor în cauză (ceea ce nu e chiar adevărat). Presupunerea, așadar, este aceea că, dacă nu ai călătorit și dacă vocabularul, memoria și gusturile tale nu se sincronizează chiar la fix, atunci opinia ta nu mai contează. Ceea ce e o prostie, evident. Chestiunea „autenticității" este, de fapt, oportunitatea perfectă de a demonstra o mică, dar perfectă cunoaștere a istoriei culinare și, dacă e nevoie, de a deturna atenția de la eventuale experiențe proprii sau de la lipsa acestora. Să luăm câteva preparate faimoase ca exemplu.

CLASICUL HAMBURGER AMERICAN

Indiciul e în titulatură. Chifteaua de carne a fost la origini un cârnat nemțesc, care poartă numele orașului Hamburg (frankfurter-ul este un exemplu similar). Ceea ce azi numim hamburger – o chiftea mică de carne tocată – exista și înainte să pretindă germanii că ei au inventat-o; există versiuni italienești și rusești mult mai vechi, ca să numim doar două. Totuși, când marinarii germani au emigrat în Statele Unite, luând cu ei și micile chiftele din carne de vită, denumirea de „hamburger" s-a răspândit și a prins. Concluzie: când cineva te întreabă dacă hamburgerul mâncat cu o zi înainte a fost *autentic*, poți zâmbi încrezător și prezenta o scurtă teză de istorie culinară și geografie, în același timp. Sau îl poți declara la fel de autentic american precum celebra plăcintă de mere – desert care provine de la olandezi și care a ajuns pe tărâm american odată cu Părinții pelerini fondatori, plecați din Anglia.

SPAGHETE BOLOGNESE

În Bologna, cel mai popular sortiment de paste sunt fie tagliatelle, fie lasagna. Sosurile cu carne folosesc bucăți serioase, cufundate în sosul renumit drept *ragù alla Bolognese.* Pe de altă parte, spaghetele nu sunt neapărat asociate cu regiunea Bologna. Chestiunea autenticității în ceea ce privește spaghetele bolognese este, în acest context, o adevărată pleașcă în poala unui lăudăros. Pentru că ar trebui să fie, de fapt, doar o etichetă.

Când vorbești despre mâncăruri italienești autentice, te gândești probabil la genul de festinuri cu care se ospăta Nero: statui sculptate din porc, pântec umplut de purcea și preparate mâncate direct de pe femei goale (interesant este că acest obicei cunoscut drept *nyotaimori* se practică și azi în Japonia; ar fi inedit de experimentat într-o trattoria locală sau o franciză *Pizza Express*).

TEMPURA

Tempura înseamnă mici felii de pește sau bucăți de legume servite în cel mai fin, diafan și pufos aluat cunoscut omenirii. Cu excepția preparatelor sushi sau sashimi, puține altele reușesc să reprezinte la fel de bine Japonia precum o porție de tempura. Dar bănuiești ce urmează... De fapt, tempura își are originea în Portugalia și a ajuns în Japonia prin intermediul misionarilor portughezi, în secolul al XVI-lea. Așadar, a fost porția de tempura de-aseară cu adevărat autentică? Nu, normal că nu; a fost, de fapt, un preparat portughez servit într-un restaurant japonez.

FAVORITE INDIENE

Este bine cunoscut faptul că puiul în stil *tikka masala* nu are origini indiene. Partea cu *tikka* este indiană (înseamnă *bucăți*), dar *masala* este un termen originar din Scoția. Povestea spune că, la un moment dat, în anii 70, un client al restaurantului *Shish Mahal* din Glasgow s-a plâns că puiul său era prea uscat, așa că bucătarul Ali Ahmed Aslam a încropit un sos – un sos „masala" – asezonat cu mirodenii și o cutie de sos de roșii pe care o avea la îndemână. Restul e... cum se spune.

Ceea ce înseamnă că, dacă ești în căutarea unei experiențe autentice într-un restaurant indian, va trebui să alegi un fel de mâncare ceva mai tradițional, precum *vindaloo*. Doar că și acesta este portughez la origini: *carne de vinha d'alhos*, un preparat din carne cu sos de vin (*vinha*) și usturoi (*alho*). În versiunea indiană, însă, vinul a devenit oțet și există mai multe mirodenii și arome alături de usturoi, dar baza a rămas preparatul european. Vom reveni și la mirodenii la timpul potrivit...

(Ca o ironie, puiul *tikka masala* a ajuns pe subcontinentul indian, așa că poți descoperi un restaurant care îl are în meniu și îl poți comanda, caz în care vei mânca, de fapt, un preparat *autentic* scoțian.)

PEŞTE ŞI CARTOFI

Clar, niciun preparat nu poate fi mai autentic britanic decât cartofi prăjiți cu pește. Există un puternic sentiment de nostalgie – real sau închipuit – după originalul și nemuritorul *fast food*. Nimic nu strigă mai tare tradiția britanică decât cod și cartofi prăjiți mâncați dintr-un coif de ziar pe malul mării, cu oțetul scurgându-ți-se pe degete și ceapa murată așteptând cuminte pe margine.

Numai că – așa cum ți-ai dat seama, probabil – peștele prăjit este la origini portughez. Din nou. În secolul al XVII-lea, refugiații evrei din Portugalia au adus în Marea Britanie peștele prăjit – *peixe frito*. Poți susține, de asemenea, că nici cartofii nu sunt autentic britanici, pentru că n-au ajuns în Regat decât în secolul al XVI-lea, când Sir Walter Raleigh sau Sir Francis Drake (depinde ce legendă alegi să crezi) i-au adus din Americi.

Dacă autentic înseamnă mâncarea specifică unei singure nații, atunci britanicii ar trebui să mănânce doar cârtițe și viezuri.

Cred că e ușor de înțeles de ce chestiunea „autenticității" este mană cerească pentru un blufeur. Toată povestea se reduce la un singur element: unde – sau, mai precis, când – se poate trage linia? Dacă „autentic" înseamnă mâncarea specifică unei singure nații, atunci britanicii ar trebui să mănânce doar cârtițe și viezuri. Pastele în sos de roșii n-ar exista în Italia, de vreme ce roșiile provin din America de sud și n-au ajuns în Europa decât prin secolul al XVI-lea. India ar mânca și acum preparate teribil de fade dacă nu i-ar fi ajutat portughezii (cine altcineva?), care le-au făcut cunoștință cu ardeiul iute.

Referitor la mirodenii, Drumul Mirodeniilor constituie un minunat ingredient al istoriei culinare, cu care poți demonstra cunoștințe bogate (chiar dacă limitate, de fapt). Explică, de asemenea, cum au ajuns portughezii o putere atât de mare în lumea culinară, chiar dacă pentru o perioadă destul de scurtă.

IUTE ȘI PICANT

Pe scurt, Drumul Mirodeniilor se referă la rutele comerciale trasate între civilizațiile istorice importante din Asia, Africa și Europa. Pe aceste rute se desfășura comerțul care a făcut ca mirodenii precum scorțișoara, ghimbirul și nucșoara să se răspândească din locurile lor de origine, cucerind cele mai îndepărtate colțuri ale lumii culinare. Tot prin intermediul acestui gen de comerț, ardeii iuți – chipurile originari din America centrală și de sud – s-au răspândit în Asia.

Comerțul cu mirodenii a început cu mult înainte de apariția creștinismului în Orientul Mijlociu, cel mai aglomerat punct de întâlnire pentru caravane (și mă refer la caravanele originale, adevărate, nu la ce se vede în față, pe șosea). Odată cu schimbarea raporturilor de forțe – de exemplu, apariția Islamului și a Imperiului otoman – rutele comerciale de pe uscat au început să se închidă, forțând oamenii să găsească alte direcții și contribuind la dezvoltarea rutelor maritime.

În secolul al XV-lea, musulmanii dominau rutele comerciale maritime ale Oceanului Indian, transportând mirodenii din Orientul îndepărtat și India până în Golful Persic și Marea Roșie și de acolo mai departe, în Europa. Pentru a evita taxele uriașe percepute de Imperiul Otoman, care controla în acea vreme rutele de pe continent, Europa a căutat alternative. Mulțumită exploratorului portughez Vasco da Gama, soluții s-au găsit. În 1498, da Gama a plecat din Europa spre Oceanul Indian prin Africa, ocolind Capul Bunei Speranțe.

Evident, povestea e ceva mai complexă de-atât, dar să nu uităm că ne aflăm, totuși, într-un ghid culinar, nu la o lecție de istorie. Există o mulțime de informații despre Drumul Mirodeniilor, dar aceste detalii ar trebui să fie suficiente pentru a-ți susține punctul de vedere. Comerțul se derulează de secole (de aceea și rețetele din vremea dinastiei Tudor includ ingrediente ca nucșoara), între timp au intervenit schimbări politice pe aceste rute și astfel s-a ajuns ca toată lumea să se bucure de obiceiurile culinare hibride care au rezultat de aici. Celălalt beneficiu este ușurința cu care se poate anula oricând dezbaterea despre autenticitatea preparatelor. În definitiv, care e punctul zero de la care se pleacă? Când aparține un preparat exclusiv unei țări și încetează a mai fi un amalgam de ingrediente, care nu sunt de fapt originare din acel loc?

În cazul prezenței ardeilor iuți în Asia, aceștia au fost relativ recent aduși pe acest continent, grație lui Cristopher Columb, care i-a adus inițial în Europa din America Centrală și de Sud, iar comercianții portughezi i-au preluat și i-au dus mai departe, în est. De acolo, probabil, alți comercianți i-au dus din India în Europa de est și apoi în Turcia și Ungaria: cum altfel crezi că a devenit paprica un ingredient – cheie al gulașului?

În materie de călătorii și mâncare, există de multă vreme convingerea că Marco Polo a adus spaghetele în Italia, după ce a mâncat tăiței în China. Din fericire, când pui la cale un bluf reușit, această teorie are tot atâta greutate cât celebra poantă de 1 aprilie potrivit căreia spaghetele cresc în copaci.

Cea mai plauzibilă variantă este aceea că invadatorii arabi au adus în Sicilia un fel de mâncare sub forma unor tăiței uscați, în secolul al VIII-lea (există, de asemenea, dovezi și despre existența unor paste din durum, specie de grâu bogată în gluten, în zonă încă din secolul întâi, deși mai degrabă se coceau, nu se fierbeau). Traducerea denumirii de „pasta", dacă vrei să atingi chiar culmea elocvenței, este cocă sau pastă și are aceeași origine ca „pâté'" sau „patiserie".

SUCCESUL CARTOFULUI

Și dacă tot ne aflăm la subiectul carbohidraților, pare un moment foarte bun să vorbim despre cartof. De vreme ce Asia s-a ales cu ardeii, Europa s-a mulțumit cu umila barabulă. Originar din Peru, acolo se găsesc încă peste 4.000 de varietăți ale legumei. Deși încă de la mijlocul secolului al XVI-lea insulele Britanice au cunoscut această legumă, cartofii n-au fost consumați în masă decât 200 de ani mai târziu. Acum, în schimb, e greu să mai faci față cererii.

Inițial, cartoful n-a fost foarte popular. Într-adevăr, când Prusia a suferit marea foamete în 1744, Regele Frederick cel Mare le-a ordonat efectiv oamenilor să mănânce cartofi. În Anglia, conexiunea lor cu Spania i-a determinat pe fermierii secolului al XVIII-lea să declare cartofii o amenințare romano-catolică; nici în Franța entuziasmul pentru cartofi nu era debordant. Până când, la finalul secolului al XVIII-lea, în peisaj a intrat Antoine-Augustin Parmentier.

Cum te-ai aștepta de la un tip care și-a dat numele unui preparat din cartofi, tipul era mare fan al legumei. Legenda spune că, fiind mai degrabă un soldat inapt (cum altfel ai descrie un soldat căzut prizonier la prusaci de cinci ori în Războiul de șapte ani?), Parmentier s-a delectat în închisoare cu cartofi și mai nimic pe lângă – și a trăit. După război, farmacist ca pregătire, omul a devenit ceva mai interesat de nutriție, cu o atenție deosebită pentru hrana care l-a menținut viu și în stare bună. Pentru că avea și niscaiva talente de PR, a organizat tot felul de evenimente și momente pentru a-și promova leguma îndrăgită. La un astfel de eveniment – o cină exclusiv pe bază de cartofi pentru înalta societate franceză – se spune că ar fi participat și Thomas Jefferson care, la acea vreme, era ambasador al Americii la Paris. Când Jefferson a devenit președinte, legenda spune că le-a servit oaspeților la un dineu oficial cartofi prăjiți în stil franțuzesc. Și așa s-au instituit domnia cartofilor prăjiți (*french fries*) în America. Deși e greu de verificat viabilitatea informației, la un bluf merge perfect.

Tăițeii nu mai sunt de mult doar tăiței. Dacă nu știi diferența dintre udon și soba sau dintre idiyappam și kway teow, riști să pierzi puncte prețioase în câteva secunde.

UN MENIU GLOBAL

E nevoie, bineînțeles, și de cunoștințe de bază despre bucătăria internațională, mai ales că ai putea umple câteva biblioteci numai cu cărți despre gastronomia franceză. Oricum, ținta noastră aici nu este să devenim cu adevărat experți în acest domeniu, ci să găsim acele căi de *a părea* că suntem experți în domeniu. Nu e nevoie să știi tot, dar e nevoie să ai câteva puncte forte la îndemână despre mai multe gastronomii și, în special, despre câteva preparate obscure. Oamenii adoră să aducă în discuție nume bizare de feluri de mâncare, iar folosirea unor termeni străini este percepută ca o oportunitate de a părea educat în domeniu și foarte experimentat. Adoratorii de mâncare au adesea cam același tip de personalitate precum cei care te corectează, de regulă, când spui „Oh, mâine plec la Paris", iar ei îți vor atrage subtil atenția că ai pronunțat greșit spunând „Vai, și eu ador să merg la *Pari*" (Din păcate, este interzis să te repezi asupra lor cu o tigaie încinsă!). Dar merită efortul de a aduce niște cuvinte străine în conversația despre mâncare, chiar și numai pentru impresie artistică.

De exemplu, tăițeii asiatici (*noodles*) nu mai sunt doar simpli tăiței. Nu au fost nicicând, dar acum, dacă nu știi diferența dintre *udon* și *soba* sau dintre *idiyappam* și *kway teow*, riști să pierzi puncte prețioase în câteva secunde. Ai putea scrie efectiv *Ghidul lăudărosului despre Tăiței* și tot nu ai atinge în întregime toate detaliile, așa că recomandabil este să pricepi câteva diferențe și să eviți conversațiile despre tăițeii asiatici, dacă nu te simți suficient de încrezător să le susții. Ca să argumentez, denumirile de mai sus reprezintă tăiței groși japonezi, tăiței japonezi din hrișcă, tăiței indieni din orez și, ultima, tăiței groși de orez din Singapore.

E foarte important să știi diferența între preparatele specifice diferitelor culturi. Bravada culinară este echivalentul gastronomic pentru a te comporta ca un băștinaș, un titlu de onoare care conferă un grad de superioritate față de cei care nu se încumetă la asta. Câteva cunoștințe în această privință sunt necesare, deoarece vei fi în stare să susții o conversație fără a fi nevoie să mănânci vreodată brânză italienească plină de strepezi, cârnați franțuzești cu arome bizare sau bucăți de pește japonez care, incorect preparați, te-ar putea ucide.

Iată, așadar, o mică selecție a câtorva dintre cele mai populare bucătării ale lumii, preparate și produse – dar și delicatese bizare – care să contribuie la dezvoltarea abilităților tale de blufeur.

JAPONIA

Yakitori – deși acum se referă cam la toate gustările sub formă de frigărui pregătite pe grătar, inițial *yakitori* descria un preparat din pui sau din pasăre la grătar, în funcție de sursă. Poate fi orice parte a acelei păsări, cum ar fi *shiro* (intestine mici), *nankotsu* (cartilagii) sau *sunagimo* (pipote).

Kushiyaki – înseamnă „fript pe băț" și descrie orice preparat care nu este pui și care a fost înfipt pe un băț și, ei bine, fript. *Yaki*, după cum ți-ai dat seama deja, înseamnă fript la grătar.

Unagi – țipar de apă dulce și, mai precis, un țipar de apă dulce care a fost fript, gătit la aburi și apoi fript din nou pe grătar și asezonat cu un sos ușor dulceag.

Sushi – denumire care acoperă toate preparatele din orez cu vinegretă și, de regulă, fructe de mare. Dar poți să te specializezi mai mult de atât, anume:

nigiri/nigirizushi – ceea ce știm în mod curent ca fiind sushi, adică un oblong de orez acoperit cu o felie de pește;

maki/makizushi – rulou cilindric de sushi, cu alge – pardon, cu *nori* – în exterior și tăiat în bucăți;

futomaki – rulouri groase, ceea ce nu înseamnă că asta vei și primi când mănânci atât de sănătos; cum sugerează și numele, este *maki*, doar că ceva mare;

temaki – rulou cu formă conică; se traduce prin rulou făcut de mână;

uramaki – *maki* are frunzele de alge în afara ruloului de orez; *uramaki* are *nori* în interior; poate delor surprinzător, *uramaki* se traduce prin „din interior în afară";

sashimi – felii de pește crud, fără orez;

shirako – este spermă de cod; sushi preparat din punga de spermă a unui pește reprezintă o delicatesă în Japonia;

fugu – te simți norocos? Încearcă peștele-balon (*blowfish*). Șarmantă, traducerea literală a denumirii *fugu* este, se pare, „porc de râu". E o denumire minunată pentru un preparat care, incorect pregătit, te va ucide într-un mod cât se poate de dureros. Organele sale – în special ficatul – conțin tetrodotoxină, o otravă care te paralizează, dar te lasă conștient, în același timp, până când te asfixiezi. Bucătarii au nevoie de instruire și certificare specială înainte să aibă voie să prepare *fugu* pentru consum uman. Preparatul rezultat, sashimi, este servit pe țepuse extrem de fine, fiind destul de fad și oarecum crocant. Probabil că tot succesul lui constă, de fapt, în valul de adrenalină stârnit de riscul de a înghiți otravă.

CHINA

Trebuie subliniat de la început că majoritatea preparatelor descrise mai jos au o varietate foarte mare de scriere. Cauza este diversitatea traducerilor și, unde este posibil, utilizarea celor mai simplu de pronunțat – *har gow*, de exemplu, este mai plauzibil decât *xiā jiăo*.

Har Gow – găluște de creveți. O porție ar trebui să conțină cel puțin 7 și, în mod ideal, mai mult de 10 pliuri la fiecare gălușcă, ceea ce este un indicator al priceperii bucătarului în gastronomie tradițională *dim sum*.

Char siu – într-un restaurant chinezesc – mai ales cantonez – n-ai să găsești carne friptă la grătar, ci *char siu*. Sau, și mai probabil, *chasu, cha siu* sau *cha shao,* în funcție de cine a scris meniul. În traducere înseamnă „prăjeală la furculiță".

Hirata – mulți ani la rând, găluștile chinezești fierte la abur au fost cunoscute drept găluști chinezești fierte la abur. Acum, însă, li se spune *hirata*. Ca să fim corecți, probabil că în China mereu li s-a spus *hirata,* dar acum numai un ignorant le-ar spune altfel, oriunde în lume.

Shumai – acele găluști în formă de coș umplute cu carne de porc, care nu vor mai fi cunoscute de acum înainte ca găluști în formă de coș umplute cu carne de porc. Ci *shumai*. Sau, la fel de corect, *shu mai, shao mai* sau diferite variante asortate. Din nou, cea mai renumită variantă de preparare – porc, creveți tocați și ciuperci – este originară din provincia cantoneză.

În anumite părți ale lumii, proteinele proaspete sunt servite sub formă de gou rou: carne de câine.

Gou Rou – cu referire la posibile provocări psihologice, mulți consideră – și vor continua așa – carnea de cal ca fiind un alt soi de carne și atât. Cu toate astea, în anumite părți ale lumii, o sursă de proteine proaspete este *gou rou*: carnea de câine.

FRANȚA

Unde începe lăudăroșenia în acest caz? Glosarul de la final poate fi un început la fel de bun ca oricare altul și nu doar pentru că ar fi majoritar cu termeni franțuzești. E foarte bine să reții și câteva nume de bucătari francezi faimoși – Parmentier, Carême, Escoffier și alții. Și, suficient de bizar, franceza este încă limba gastronomiei de lux (*haute cuisine*).

SPANIA

Mâncarea spaniolă este adesea celebrată ca fiind una dintre cele mai pure, oneste și pur și simplu delicioase bucătării din lumea întreagă. Susținând această idee, ai un avantaj în bluf, prin posibilitatea de distanțare față de tipul de turist care a invadat poloagele coastei spaniole și a descoperit micul dejun englezesc de toată ziua. În schimb, poți demonstra că ești genul de cunoscător de gastronomie, care a petrecut multe week-end-uri pe faimoasa stradă La Rambla și în numeroasele piețe locale La Boqueria din Barcelona, provocându-ți greutatea corporală cu *tapas* (gustări) și *raciones* (porții de mâncare).

Diferența este importantă. O *tapa* este o gustare, servită adesea lângă ceva de băut. Un *racion* este o porție mai mare. Ca să reținem corect, dacă tot suntem la acest subiect – și mai ales pentru că este genul de detaliu pe care un blufeur trebuie să-l știe – un *pintxo* este servit pe băț (poți întâlni, de asemenea, și denumirea de *montadito* – ceea ce înseamnă gustare servită pe pâine).

Trebuie să înțelegi diferența între diferitele feluri de șuncă, renumită sub denumirea de *pata negra,* deoarece (și poți susține chestia asta cu toată încrederea) șunca spaniolă este cea mai bună din lume. Dacă acest subiect intervine în conversație, blufeurul poate spune: "Ahhh, *Serrano... estupendo*" (dar încearcă să nu sune ca o reclamă la televizor). În ceea ce privește șunca spaniolă, potențialul de a blufa e foarte generos; de exemplu, ori de câte ori vezi denumirea de *jamón ibérico,* trebuie să ții minte să te referi la șuncă prin denumirea de *pata negra,* deoarece acesta este termenul corect global acceptat pentru cele trei sortimente principale disponibile pe piață. Toate aceste specialități vor avea la bază carne de porc din Peninsula iberică, iar un astfel de porc este certificat ca atare dacă este pur iberic în proporție de 75%. *Pata negra* se traduce prin „copită neagră" sau „picior negru", o notă distinctivă a acestei specii de porc. Cea mai fină specialitate de șuncă din țară (și, probabil, din lume) este *jamón ibérico de bellota,* preparat din carne de porc crescut în libertate, care colindă pădurile de stejari (cunoscute drept *dehesas*) și se hrănește cu ghinde. Ca mic detaliu suplimentar, un tip pe nume Joselito este considerat ca cel mai bun producător de *pata negra* din Spania. Reține acest nume și rostește-l de fiecare dată când ți se oferă *jamón*.

ITALIA

Câte forme de paste există? Bună întrebare. De fapt, poți susține că există doar câteva sortimente – lungi și subțiri, tubulare, răsucite, rotunde, în formă de melci, de scoică, asortate – dar în mărimi diferite. Și, deloc surprinzător, toate aceste dimensiuni au nume diferite. A cunoaște o parte din ele ajută foarte mult la dezvoltarea potențialului de bluf. De exemplu, *orzo* descrie forma de orez. *Risi* e similar, dar ceva mai mic decât *orzo*. Mai avem *puntine*, care este mai mic decât *risi*. Poate ai auzit de *farfalle*, pastele în formă de papion, dar știai că există și funde mai mici, denumite *farfalline*, dar și o altă variantă – tot în formă de papion, dar cu marginile rotunjite – cunoscute atât ca *tripolini*, dar și *farfalle*?

O altă bucurie a gastronomiei italienești este modalitatea în care fiecare rețetă „tradițională și autentică" pentru orice preparat sau sos va fi gătită într-un mod diferit, dar complet „tradițional și autentic", în funcție de regiune sau chiar de sate învecinate. Toate variantele sunt corecte, ceea ce înseamnă că toate greșesc, în același timp. Există regiuni ale țării unde se întreține încă o gâlceavă aprinsă asupra cărui tip de brânză trebuie utilizat în *ravioli*.

UN SANDVIȘ SOFISTICAT

Potrivit definiției din dicționar, „gastronomie" înseamnă exercițiul sau arta de a alege, de a găti și de a mânca hrană bună. Un blufeur ar trebui să fie pregătit întotdeauna să dezbată dacă gastronomia este sau nu este artă. Părerea ta ca blufeur ar trebui să fie că a ajuns deja o religie.

Bucătăria de înaltă ținută e peste tot, mai nou. Cândva, era bine ascunsă în spatele ușilor unui restaurant prohibitiv de scump și putea fi ignorată cu eleganță și bună știință. Acum, nu se mai poate. Barurile au devenit gastro-baruri sau „taverne de luat masa" și sunt „piperate" de bucătari „înstelați" de Michelin. Cafenele cu linguri soioase sunt în stare să explice proveniența a tot ceea ce au în cratiță, în galantar sau într-un sandviș. Mici restaurante locale cochetează cu „gastronomia moleculară" sau gătesc ficat de porumbel artizanal, sezonier și de proveniență autohtonă în baie de aburi, timp de 11 zile la 17 grade.

Care e sensul acestor transformări? Probabil, nici nu contează. Acest comportament al lumii gastronomice este bizar și plin de contradicții, adesea victimă a capriciilor și tendințelor de sezon, deși marcat încă foarte puternic de convenții rigide. Evident, este locul de desfășurare a gastronomiei de ultimă oră, deși adesea nu e altceva decât un omagiu adus tradiției. Totodată, e locul în care jocul și stupizenia se intersectează în diagramă Venn.

Să ne gândim, spre exemplu, la marele Ferran Adrià – descris adesea ca unul dintre principalii propulsori ai gastronomiei moleculare (deși el respinge această etichetă) – care, cum probabil știi, reflectă interesul pentru transformări fizice și chimice ale unor ingrediente, care intervin pe parcursul procesului de preparare. Adrià este cel care a contribuit la transformarea legendarului restaurant catalan *elBulli* dintr-un mic băruleț pe un teren de golf, care servea câteva sandvișuri și ceva de băut, în cel mai bun restaurant din lume, considerat așa ani la rând. Unul dintre preparatele renumite ale lui Adrià era un lichid cu aromă de măsline modificat chimic (prin intermediul unui proces numit „sferificare") pentru a căpăta forma unei măsline. Arăta ca o măslină și avea gust de măslină. Alte localuri obțin același rezultat oferind, pur și simplu, măsline. Tendință de ultimă oră, păcăleală sau capriciu? Din fericire, astfel de contradicții creează o oportunitate grozavă de a blufa și, subliniind aceste ciudățenii, vei reuși a) să pari extrem de bine informat și la curent cu noutățile și b) să nu fi nevoit să răspunzi la întrebări. Doar ridică o sprânceană.

Destul de interesant, însă, este faptul că, pe măsură ce mâncarea mai bună și mai sofisticată este adusă tot mai mult pe farfuria maselor (care o primesc, cu reținere, însă) și tehnicile de ultim moment ale lui Adrià, Blumenthal și ale altora asemenea lor ajung în meniuri de baruri, se manifestă în același timp o reticență tot mai accentuată față de „gastronomia elitistă." Iar un lăudăros ar fi bine lucrurile astea.

O categorie semnificativă de adoratori ai mâncării consideră că gastronomia este transformată, de fapt, într-o mare scamatorie. Nu îi pasionează mesele elaborate, tehnicile precise de gătit și platourile de mâncare frumos aranjate și dichisite; acum e momentul să se celebreze, de fapt, felul simplu de a mânca și gătitul în stradă – o reîntoarcere la lucrurile simple.

Marea ironie, însă, constă în faptul că, în vreme ce renunță declarativ la localuri de lux și la meniuri de degustare cu feluri multe, adoratorul de mâncare va avea cu siguranță o listă a marilor și renumitelor restaurante din lume, pe care-și dorește cu ardoare să le viziteze (sau va pretinde că le-a vizitat deja). Deși susține că se simte ca acasă într-un grajd cu mâncare dintr-un *souk* marocan (piață în aer liber) sau între dughenele cu mâncare din Austin, Texas, îți va povesti mai ales despre localul său favorit. Curând, vei descoperi că nu e altceva decât un loc cu fițe și fețe de masă apretate, cu meniuri de degustare și *amuse-bouches*[5] și, mai ales, cu cel puțin una, dar mai degrabă două stele Michelin.

E ipocrizie? Categoric. Fă-i jocul și dă înțelegător din cap, dar asigură-te că ai înțeles bine sistemul de acordare a stelelor Michelin. Indiferent de cât de mulți adoratori de mâncare vor continua să pălăvrăgească despre „puritatea" mâncării gătite simplu și din surse naturale, nici un blufeur care-și merită pâinea nu va ignora ghidul suprem pentru gastronomia de înaltă clasă.

STELE DE CAUCIUC

Te întrebi, probabil, de ce o denumire asociată în mod normal cu pneurile de mașini se regăsește și în domeniul gastronomiei de lux din întreaga lume. Ghidul a fost inițiat în 1900, ca un *aide-memoire* adresat automobiliștilor din Franța, cu informații utile despre benzinării și localuri bune de luat masa. De-a lungul anilor, ghidul a

5 – vezi Glosar

evoluat până la a deveni unul dintre cele mai faimoase restaurante din lume.

Principalele categorii de premii vânate de toată lumea sunt stelele Michelin, acordate doar unor localuri cu adevărat selecte, într-o scală de la 1 la 3. Cât de selecte? Gândește-te la totalitatea restaurantelor din lume. Câte ar putea fi: sute de mii, peste un milion? În 2012, doar 100 de localuri din lume aveau în palmares toate cele 3 stele.

Criteriile de acordare sunt cam așa:

1 stea – un restaurant foarte bun în categoria sa.

2 stele – gastronomie excelentă, clar merită un ocol pentru a lua masa acolo.

3 stele – gastronomie excepțională și merită un drum special.

O acuză des întâlnită la adresa Ghidului Michelin este aceea că obișnuiește să premieze un anumit gen de local – în general, cu decoruri subtile, personal în uniformă și școală de servire tradiționalistă, care urmează idealurile franceze privind gastronomia de lux. Pentru a fi corect față de Michelin – și pentru a arăta o înțelegere proprie a gastronomiei internaționale – poți menționa faptul că ultimii ani au cunoscut o schimbare în filosofia lor, dând atenție unor stiluri moderne de luat masa. În Marea Britanie, spre exemplu, există taverne cu stele Michelin – *Harwood Arms* în districtul Fulham din Londra, *Royal Oak* în Maidenhead – și chiar un astfel de local cu 2 stele – *Hand & Flowers* din Marlow. Există, de asemenea, o serie întreagă de alte restaurante și bucătării, de la japoneze și indiene până la italienești și chinezești, care au primit faimoasele stele.

Există și alt gen de critici la adresa sistemului Michelin, despre care un blufeur ar trebui să știe. De exemplu, foarte multe regiuni sunt pur și simplu ignorate în Africa, pe subcontinentul indian, în America de Sud și în cea mai mare parte a Europei de Est. Mai mult, varianta americană a Ghidului tinde să vizeze doar o anumită parte din teritoriul Statelor Unite – New York, San Francisco, Chicago și Las Vegas fiind printre orașele alese.

Cel puțin un bucătar s-a sinucis în urma retragerii unei stele de către Michelin.

O altă critică vizează presiunea resimțită de bucătari pentru a menține aceste standarde și pentru a se conforma unui misterios set de reguli directoare. Până acum, din informații publice, cel puțin un bucătar s-a sinucis de teama retragerii unei stele Michelin. În 2003, în ziua premergătoare publicării noii ediții a Ghidului, se spune că Bernard Loiseau s-ar fi împușcat după ce aflase din diferite surse că restaurantul său, *La Côte d'Or*, pierduse una dintre cele 3 stele. Poate că vestea a fost doar vârful aisberg-ului, deoarece Loiseau suferea de depresie și avea grave probleme financiare. Povestea e foarte elocvent relatată în cartea „Perfecționistul" a lui Rudolph Chelminski, un amănunt numai bun să fie introdus într-o discuție despre stelele Michelin, când numele lui Loiseau va fi inevitabil amintit. Foarte oportun va fi și un eventual comentariu, cu gravitatea adecvată, despre faptul că acea carte este o analiză fină a presiunii existente în general în restaurante. Poți face toate astea indiferent dacă ai citit cartea sau nu.

Ca să recapitulăm: poți să iubești și să disprețuiești ghidul Michelin în același timp. Folosește-l în mod deschis pentru a crea o listă de experiențe culinare internaționale și critică-i în același timp cu insolență orice viciu posibil în filosofie și abordare. Așa funcționează procesul de adorare a mâncării.

Ca reacție la Ghidul Michelin, mulți oameni vor cita Gala premiilor celor mai bune 50 de restaurante din lume, organizată de *Restaurant Magazine*, ca având o înțelegere aprofundată a modului în care funcționează restaurantele și cu o abordare mult mai globală. Acest ultim punct e foarte valoros, așa că nu ezita să-l subliniezi și cu alte ocazii.

În loc să răsfoiești Ghidul Michelin sau Cele mai bune 50 de restaurante ale lumii în căutarea unei liste de locuri pe care să le plasezi pe propria ta listă de dorințe, notează câteva nume-cheie; cele enumerate mai jos sunt un reper foarte bun de început. Reține: nu doar numele și reputația sunt importante în acest proces; contează calitatea mâncării și capacitatea de a se adapta timpului și locului în care este creată. Cu aceste lucruri reținute, putem lista câteva destinații grozave – doar pentru a demonstra complexitatea cunoștințelor tale:

NOMA, COPENHAGA

Noma este faimos pentru că duce specificul local și sezonier danez la extreme. Dacă un ingredient nu se găsește în mod normal în țară, nu va fi servit nici de restaurant – intră în această categorie uleiul de măsline sau alte ingrediente exotice. Poți găsi, în schimb, furnici, papură, creveți vii și flori.

Ce e de spus. Depinde de conjunctură. În prezent, restaurantul este încă un altar culinar, unde vii să venerezi mâncarea. Peste un an, probabil, poate fi deja „fumat". Oricum, *Noma* se află în linia întâi a unei revoluții majore în gastronomie. De aceea, merită să-l ai pe listă.

HAWKER CENTRES, SINGAPORE

„Capitala mâncării de stradă" a lumii, ceea ce poate părea un renume bizar, de vreme ce Singapore nu are cu adevărat o cultură a mâncatului pe stradă. În schimb, dughenele care vând mâncare – vreo 15.000 într-un loc de mărimea Insulei Wight – sunt împrăștiate actualmente în 107 „centre de vânzători ambulanți" certificate de guvern (sursa de inspirație a „curților cu mâncare" fără suflet amenajate prin mall-uri). Unii sunt de părere că locul și-ar fi pierdut din energia inițială.

Ce e de spus. În termeni culinari, Singapore este un hibrid de culturi și de influențe culinare, în care ingrediente chinezești, malaysiene, arabe și indiene se combină și creează efecte interesante.

EL CELLER DE CAN ROCA, SPANIA

Situat în Girona, *El Celler de Can Roca* este, în momentul publicării acestui ghid, noul număr 1 pe lista celor mai bune 50 de restaurante din lume. Este condus de 3 frați – Joan, Josep și Jordi Roca – a căror mamă a avut, de asemenea, un restaurant într-o suburbie muncitorească a orașului. Joan este bucătarul principal. Josep este somelier-șef și asigură reprezentarea localului, iar Jordi este specializat în patiserie.

Ce e de spus. Tehnica de gătit respectă ultimele tendințe, dar și originile catalane; odată cu câștigarea numărului 1 în lume, lista de rezervări se întinde pe o durată de 1 an și există un jurnal de 3.000 de cereri. Dacă nu mai ești în stare să-ți aștepți rândul, sugerez abordarea rocambolescă, adică vizitarea gelateriei restaurantului, pentru ca măcar să poți spune că „ai mâncat acolo".

Restaurantele peruane se răspândesc în Londra mai iute decât îți ia să jupoi un porc de guineea.

MAINE, SUA

Coasta de est a Statelor Unite este renumită pentru preparatele din fructe de mare – în cafenele, restaurante, taverne, rulote și chiar mici localuri. Rulourile cu homar reprezintă un preparat clasic și poți găsi peste 18 versiuni diferite în aceeași regiune a coastei. Moluștele prăjite, însă, sunt cel mai bun „secret" al zonei.

Ce e de spus. „Capitala fructelor de mare", se pare. Dă din cap cu o oarecare frustrare și speculează pe tema de ce locuitorii din Maine au la dispoziție o așa varietate de pește proaspăt foarte bine gătit, în fiecare local disponibil, în vreme ce Marea Britanie exportă majoritatea capturii în Europa.

CENTRAL, PERU

Lima este un loc neașteptat pentru *Central*, un restaurant nou care a intrat pe locul 50 pe lista celor mai bune restaurante din lume în 2013. Tânărul bucătar Virgilio Martinez a lucrat în tot felul de bucătării, unde și-a dezvoltat experiența în gastronomie japoneză, vietnameză, franțuzească și italienească, care se regăsesc în diferite proporții în preparatele sale – alături de influența braziliană a partenerului și colegului său bucătar, Pía León.

Ce e de spus. Peru este noul loc la modă în care să iei masa. Restaurantele peruane se răspândesc în Londra mai repede decât ai jupui un porc de guineea (deși ar fi mai bine să nu menționezi porcușorii de guineea). Odată relevat aportul Americii de Sud între cei mai importanți furnizori de gastronomie din lume, nu este deloc surprinzătoare ascensiunea bucătăriei peruane în galaxia culinară.

OLD BISCUIT MILL, AFRICA DE SUD

Cauți provocări și senzații tari? Vino la Cape Town. Deși reputația orașului vine mai degrabă în zona criminalității și a violenței decât a mâncării bune, în fiecare sâmbătă, în decorul extrem de primitor al *Old Biscuit Mill*, aproximativ 100 de producători locali vând preparate și produse culinare fantastice. În general, bucătăria sud-africană câștigă tot mai mult în reputație – fructe de mare grozave, preparate excelente din carne friptă și vinuri minunate.

Ce e de spus. Încearcă faimosul *bunny chow*, o pâine scobită umplută cu curry; de recomandat s-o încerci în locul ei de baștină, înainte să devină, în viitorul apropiat, ultimul răcnet în mâncare de stradă din Marea Britanie.

SUSHI LA PIAȚA TSUKIJI, TOKIO

Nu există limită în opțiunile de sushi din piața Tsukiji, cea mai mare piață de pește din Tokio. Peștele este atât de proaspăt, încât un veterinar decent, înarmat cu un ac și-o ață l-ar putea face să înoate iar.

Ce e de spus. Dacă vrei să stabilești un reper pentru mâncarea japoneză, acesta este locul ideal. Nu uita, însă, de eventuale dileme morale stârnite de industria de pescuit; poți specula liniștit asupra faptului că se pescuiește peste măsură, centrul orașului Tokio fiind supraaglomerat de pește proaspăt prins în fiecare zi. Și e doar unul dintre orașe.

Peștele este atât de proaspăt, încât un veterinar decent, înarmat cu un ac și-o ață l-ar putea face să înoate din nou.

CORNWALL, MAREA BRITANIE

Marea Britanie trebuie să se afle cu siguranță pe lista locurilor de vizitat, iar Cornwall are multe lucruri bune de oferit. Are, de asemenea, și un fel de microclimat, dar și un simț dezvoltat al istoriei și al comunității. Cornwall este și suficient de departe de alte părți ale țării așa că poți să inventezi liniștit tot felul de lucruri despre gastronomia locală și nimeni nu-și va da seama. Mai mult, în timp ce vom comenta preluarea portului Padstow – Padstein, cum ar spune unii – de către bucătarul Rick Stein, o vedetă de televiziune în UK, e evident că influența lui a condus la crearea unei mișcări culinare locale impresionante.

Ce e de spus. Orice, zău. Dar subliniază cât de fantastic e să știi că undeva în UK este încă posibil să cumperi pește proaspăt și să vezi nu doar apa în care a înotat dimineață, dar și barca în care a fost prins. Cuvinte precum „cuviincios" sunt foarte eficient de introdus aici.

„Am cam depășit stadiul de mâncat burgeri. Mă interesează mai degrabă ruloul acela de cârnat franco-scoțian despre care am citit pe Twitter."

CAPRICII CULINARE LA MODĂ

Capriciile nu vor dispărea niciodată, e evident. Doar se schimbă, din când în când. Pentru moment, însă, capriciile par a fi un element fundamental în cultura gastronomică. Asta înseamnă că, deși poți avea o abordare comprehensivă a tendințelor culinare la momentul scrierii acestui ghid, trebuie să ții ochii și urechile larg deschise pentru inevitabilele schimbări și răsturnări ale prefeințelor.

Reține și faptul că toanele au talentul de a reveni ciclic – iar și iar – așa că poți liniștit să prezinți o toană de demult ca următoarea găselniță în materie de mâncare. Dacă ești luat la întrebări, spune doar că e „o nouă abordare"; sau că a apărut undeva în mediul rural (caz în care poți atribui sursa informației oricărei rețele de socializare); sau, și mai bine, combin-o cu altă toană de care îți amintești și spune-i fusion și/sau las-o așa cum e și declar-o „reinventare post-ironică".

BURGERI

În ultimii ani, toată lumea vorbește despre burgeri. Poate că te-ai săturat deja de ei și ți-ai permis să clipești o secundă, timp în care ai ratat deja noile tendințe în domeniu. Iată un exemplu:

O nouă interpretare a burger-ului Chip-Shop; un produs artizanal din carne de vită uscată și marinată în sos Marmite, legume coreene kimchi și gem de căpșuni, prăjite în ulei tempura și bere americană, servite într-un rulou UIMITOR din aluat de brioșă lituaniană.

Poți să dai aprobator din cap și să scoți zgomote apreciative sau poți să pufnești cu dispreț, fie pe aceeași temă, fie să contracarezi cu propria rețetă clasică. E mai sigur să dai din cap, evident, dar a te lăuda ca să pari specialist e mult mai amuzant. De exemplu, poți avea o abordare de genul:

N-am auzit de varianta asta recentă de Chip-Shop burger. Dar tu ai auzit de burger-ul răsucit? E o nouă invenție a unei brutării dintr-o mică piață de fermieri din Truro. E o chiflă din aluat de brioșă cu susan, învelită în carne tocată de vită, asezonată cu două felii de roșii și servită între felii mari de castraveți murați și frunze late de salată.

Sau

Chip-shop burger? Fascinant. Nu prea mă mai pasionează burgerii. Mă atrage mai mult aluatul acela răsucit pe un rulou de cârnat în abordare franco–scoțiană, despre care am citit pe Twitter. Se pare că ideea provine de la o mică brutărie de familie din Aberdeen. Nepotul fondatorului s-a căsătorit cu o fată întâlnită în Paris, iar rezultatul e modificarea rețetei de plăcintă scoțiană, servită acum într-un croissant copt din aluat fraged sărat.

Nimeni nu va pune la îndoială veridicitatea afirmațiilor tale. E chiar probabil ca cineva să susțină că a încercat produsul. Deci, ce trebuie să știi pentru a ieși în evidență? Iată câteva tendințe, mofturi și alte detalii utile, dar și câteva opinii despre fiecare, pentru impresia artistică.

BLOGGING

Ai auzit vreodată poanta că opiniile seamănă cu niște bucăți anatomice ale sfincterului? În sensul că fiecare deține una? Grație tehnologiei, nu doar că oricine are opinii, dar le și strigă în gura mare. Sau, mai bine zis, le strigă lumii întregi cu conexiune la Internet. Și mai precis, procentului redus al populației cu acces la Internet care dă ceva mai mult de 2 bani pe chestiuni de genul ăsta.

Jurnalele online au devenit destul de facil de instalat și de menținut. Odată cunoscute sub formă de „jurnale web", au evoluat destul de rapid la denumirea de blog. Există milioane de astfel de blog-uri, iar unul dintre cele mai „guralive" și „ocupate" domenii este cel culinar.

Foarte mulți oameni (mai ales jurnaliști și alte genuri de publiciști) desconsideră blogul din cauza scrierii precare, a opiniilor nesusținute de argumente calificate și a temelor profane menționate mai sus. Alții, în schimb, îi iubesc pe blogg-eri: unii scriu cu talent, se adaptează și răspund mai rapid decât publicațiile tipice și au libertatea de a găsi și de a scrie despre subiecte mult mai interesante. Adevărul, și vei vrea să spui acest adevăr, este că, aidoma jurnaliștilor „profesioniști", unii blogg-eri sunt foarte talentați și simpatici, entuziaști și plini de informații noi, dar sunt și mulți bădărani cu idei fixe. Dezbaterea va continua, cu siguranță, dar tu trebuie să te ridici deasupra ei, ca o voce încrezătoare a rațiunii care vede binele în orice fir de iarbă.

INSTAGRAM

De dragul convenienței, toți amatorii de fotografie culinară pot fi incluși în această rețea. Grație *Instagram*-ului, aparent mâncarea nu mai poate exista și nici nu mai poate fi gustată decât dacă, mai înainte, s-au executat fotografii, fie ale farfuriilor frumos asamblate fie, cel mai adesea, cu fiecare bucățică unsuroasă din castroanele din care mâncăm de dragul de a mânca și ca să ne calmăm nervii.

Instagram este o aplicație care îți permite să faci poze, să le aplici filtre – accentuezi culori, le dai un aspect de Polaroid din anii '70 – să aplici ceață pe anumite părți din poză (fiindcă adâncimea cadrului a devenit mai nou teribil de la modă, în mod bizar) și apoi să publici creația pentru ca toți „urmăritorii" tăi s-o vadă, pe Twitter sau în alte părți.

Un mare număr de fotografii urcate pe Instagram reprezintă farfurii de mâncare, standuri șmechere de mâncare de stradă și bucăți de carne de vită cu aspect marmorat. Dacă e ceva comestibil, cu siguranță cineva a făcut o poză. Restul pozelor de pe Instagram sunt autoportrete – sau *selfie*-uri, cum le spun puștii. Majoritatea par a fi făcute de celebra cântăreață cunoscută sub numele de Rihanna.

BURGERI GOURMET

Cum am menționat anterior, unul dintre cele mai populare domenii ale industriei culinare este cel

care exploatează nevoia de a mânca de dragul mâncării și pentru calmarea nervilor. Asta nu e o tendință recentă: milioane de oameni din lumea întreagă sunt prinși, involuntar, în caruselul acesta, indiferent de adicția pe care o capătă fiecare (nu contează că e vorba despre produse de patiserie, chestii de pus pe pâine, cartofi prăjiți etc.).

Cu toate astea, mai recent, majoritatea plăcerilor fast-food, în special americane, au fost „revoluționate" și semnificativ avansate într-o categorie superioară.

În mare parte, este o toană ce tinde să se dezvolte. În câțiva ani, *fast-food* a ajuns din stradă la colțul elegant al străzii. Foarte multe restaurante cotate ca fiind elegante oferă propria versiune a burger-ului, care poate varia de la pur și simplu o carne de vită de calitate superioară, până la carnea de vită japoneză Wagyu incredibil de scumpă sau chiar la burger-ul din carne înghețată de cal, care păstrează încă urmele biciului.

Chiar și oamenii normali, fără o pasiune deosebită pentru mâncare, se bucură acum de un burger gourmet în mod regulat, contribuind la creșterea de neoprit a venerației colective față de burger. Un lăudăros autentic trebuie să rețină ideea că vorbim despre o chiftea într-o chiflă, în cele din urmă, iar faptul că unii bucătari îi prepară cu o carne de vită mai bună, îi prăjesc mai în sânge, le adaugă porția optimă de brânză topită și îi servesc într-o chiflă deosebită, asezonându-i cu murături pe măsură, nu transformă acest preparat într-unul care să merite nivelul de adorație la care s-a ajuns. Lanțurile de „împinge tava" din America servesc acest preparat de ani de zile, într-o formă mai mult decât decentă.

O abordare adecvată unui blufeur este să se prezinte expert într-un oarecare domeniu legat de burgeri, după care să evalueze restul preparatelor similare într-un mod absolut întâmplător. Pentru a căpăta credibilitate, va trebui să alegi un nume pentru burger-ul preferat (de regulă, un stat sau un oraș american). Dă din cap gânditor când guști prima bucată. Mestecă într-o atitudine contemplativă. Rămâi cu privirea pierdută un minut sau două. Prezintă-ți părerea cu fermitate, de exemplu: "Da, e bun... Nu chiar ca un burger Philly, dar e bun." Nimeni nu te va întreba cum e burger-ul Philly, dar, dacă totuși se întâmplă, trage-i deoparte, prezintă burger-ul în secțiune, ridică din umeri și remarcă: „Înțelegi ce vreau să spun? Nu se compară, pur și simplu, cu Philly, nu crezi?". Poți face referințe vagi la textură, la cantitatea de murături și la nivelul de topire al brânzei, dacă ți se cer detalii.

Între detaliile nimerite într-o conversație despre burger-ul gourmet se numără calitatea cărnii sau contrastul delicios între textura crocantă a murăturilor și moliciunea pâinii. Opinia generală este că vita folosită trebuie să fie proaspătă și asezonată după gătire (sărată dinainte, va deveni prea scorțoasă). Brânza folosită trebuie să fie din cel mai prost, procesat și plastifiat soi (și mâncată cu amuzament, ca o plăcere vinovată), iar chifla umflată ca o brioșă, din orice aluat capabil să-și mențină forma sub asaltul sucurilor scurse din carne. Și e nevoie de ceva contrast al texturilor: ceapă albă, murături etc., orice e acceptabil.

HOT DOG GOURMET

Și pentru hot dog, textura joacă un rol important. Pe măsură ce multe restaurante își adaugă în meniu burger-ul gourmet, la fel de multe urmează acest trend cu ajutorul hot dog-ului. Un studiu recent – Menurama Horizons[6], mai precis – a descoperit că hot dog-ul gourmet se regăsește în proporție de 85% mai mult în restaurante în 2013 decât în 2012.

Hot dog-ul este, așa cum ar fi bine să scoți în evidență, doar un cârnat vârât într-o baghetă de pâine. Ceea ce ne atrage atenția pot fi

6 – *Menurama* acoperă primele 115 lanțuri de operatori din industria alimentară din Marea Britanie, dar și independenți cu tehnici de ultimă oră.

amănunte precum calitatea pâinii, a sosurilor și, mai ales, textura cârnatului. Secretul hot dog-ului, și poți să susții asta cu toată încrederea, este „trosneala" – adică acea putere de rezistență a crenvurstului în timp ce muști din el. Mulți susțin că efectul ar trebui să se simtă la fiecare mușcătură. În ceea ce privește „autenticitatea", oamenii sunt ceva mai liberi în „exprimare" în ceea ce privește conținutul unui hot dog. Orice merge – absolut orice, de la chili la unt de arahide și orice altceva între ele, de preferință în același timp.

PUI PRĂJIT GOURMET

Cu câțiva ani lumină în urma versiunii KFC, puiul prăjit în versiune elegantă se răspândește ca un incendiu. După cum probabil îți imaginezi, calitatea puiului este detaliul care vinde cel mai bine, alături de procesul de pregătire – în saramură, muiat în unt, simplu și tot așa – dar și de calitatea crustei. *Panko* – un model de crustă japonez din firimituri de pâine – este adesea considerat ca fiind crusta perfectă. Ceea ce urmărim, de fapt, este textura: o carne crocantă și fragedă în același timp. Și dacă e puiul e calitativ și bio, crescut la fermă în libertate și fără hormoni, îl poți savura din plin, cu conștiința împăcată.

CE URMEAZĂ?

Te poți aștepta să găsești burgeri gourmet în mii de variante în tot felul de meniuri și în anii următori, alături de un pui și mai fițos și de hot-dog tot mai elaborat și mai dichisit. Rămâne de văzut ce va urma. Burrito-ul a început deja să cucerească teritorii noi, cu localuri dedicate (și lanțuri provenite din America). *Hash*-ul[7] – de fapt, resturi de

---

7 – Fel de mâncare pregătit din carne tocată, cartofi și mirodenii, amestecate împreună.

carne cu cartofi prăjiți serviți cu ou – și-a făcut deja apariția prin meniurile moderne (fiind deja în locuri mai tradiționale de ani de zile). Poate crezi că e momentul pentru ceva nou.

FAVORITE FAST-FOOD BRITANICE

PEȘTE, CARTOFI PRĂJIȚI ȘI PLĂCINTĂ CU CARNE

Tradiționalul pește cu cartofi prăjiți (*fish and* chips) a reușit să ajungă în meniurile gourmet cu ceva timp în urmă, la prețuri cu peste 500% față de prețul din magazine. Poate că plăcinta tradițională cu carne îi va urma ascensiunea. E o chestiune de aspect, până la urmă. Dacă experiența ta în materie de burgeri, hot dog, pui sau alte variante de carne într-o chiflă este oarecum limitată (sau te-ai plictisit pur și simplu să lauzi chestii de peste Atlantic în defavoarea produselor culinare de prin partea locului), atunci folosește chestia asta în avantajul tău. Lasă-ți privirea să se umple de duioșie, amintește-ți prima mușcătură din aluatul fraged și bun și declară revoluția pentru recuperarea bucătăriei naționale.

OUĂ SCOȚIENE (SCOTCH EGGS)

Există, se pare, semne care atestă o revenire spectaculoasă în Marea Britanie a unui preparat foarte apreciat, deși destul de vechi. Oul scoțian a devenit un fel de port stindard al meniurilor în ultimii ani. Denumirea e corectă, apropo, deși nu are nimic de-a face cu Scoția (n.t. „scotch"). *To scotch* este un cuvânt vechi care înseamnă să acoperi cu carne. Legenda spune că un client vechi și important al magazinului *Fortnum&Mason* avea nevoie de o gustare comodă, pe care s-o poată mânca în trăsură. Rezultatul a fost ceva similar unui ou fiert tare învelit în *haggis* (mâncare scoțiană din organe de oaie sau de vițel, fierte, tocate și amestecate cu legume). Preparatul a evoluat ulterior, ajungând să fie compus din bucăți misterioase de carne tocată de porc înfășurate în jurul ouălor de fermă și tăvălite în firimituri de pâine bine coaptă, după care învelite în plastic și vândute în benzinării.

În ultimul timp, această abordare s-a mai schimbat. Ouăle scoțiene sunt făcute cu delicatețe și delicatese și servite atât de calde, că gălbenușul rămâne cleios. Unele restaurante au încercat, de asemenea, să aducă îmbunătățiri rețetei – cu carne de vânat, cârnați cruzi și alte găselnițe – dar versiunea clasică cu carne de porc are o puritate anume care ar trebui apreciată. N-ar strica să remarci, totuși, că ouăle cu bacon formează una dintre cele mai reușite combinații din tradiția culinară britanică. La fel ca și ouăle, șunca și cartofii prăjiți. E o istorie întreagă între porc și găină...

Kebab-ul

Există adesea speculații că bietul kebab este, de asemenea, suficient de „copt" pentru a răzbi în meniurile *gourmet*. E un curent generat de persoane care nu vin, de regulă, din Grecia, Cipru, Turcia sau, de fapt, orice combinație a celor trei. Multe dughene de kebab, fie că sunt grecești, cipriote sau turcești, își construiesc șaorma / doner-ul (familiara țepușa care se rotește) în fiecare zi, din carne marinată de bună calitate, de pui sau de miel. Misteriosul „picior de elefant" din carne reconstituită și neidentificată nu e pe gustul lor.

Plăcerile mâncării *fast-food* nu sunt greu de aflat. Grăsimea e bună; parc-ar fi cea mai crudă glumă a lui Dumnezeu. Poți merge mai departe cu analiza: oamenii mănâncă întotdeauna cu mare plăcere tot ce e gras, dulce și, în mod special, cu o anumită textură, deși poate că mulți încă nu realizează lucrul ăsta. O vor face, după ce le-ai luminat tu mințile. Salata, murăturile, crusta din firimituri de pâine sunt detalii foarte importante. Folosește expresii precum „gura plină" sau „mușcătură" și separă ingredientele, ca să le studiezi mai bine. Chiar dacă habar n-ai ce cauți, o să pară că știi.

CAPRICIILE MÂNCĂRII DE STRADĂ

Este important să remarci în conversație succesul culturii *street-food*. Cei care au dezvoltat afaceri de succes în *street-food* își deschid, mai nou, propriile restaurante, iar cei cu experiență în business-ul restaurantelor aleg frecvent să-și ducă mâncarea în stradă. Așa cum clasica gustare de noaptea târziu, pe care o mâncai cu mâna, și-a găsit locul în meniul restaurantelor elegante, o gamă largă de preparate internaționale au fost duse în stradă.

Dacă va fi să iubești ceva mai mult decât mâncarea dintr-un camion sau din portbagajul unei mașini, acela va fi mâncatul din locuri neobișnuite.

Este cu siguranță, vei spune, un moment revoluționar în democrația gastronomică – o șansă pentru toți cei cu oareșce talent culinar să-și pornească propria afacere, fără a fi nevoie de investiții majore. Suntem, încă, în zorii acestei tendințe, așa că e de așteptat o răspândire masivă din Londra spre marile orașe. Varietatea preparatelor accesibile acum – de la gustări indiene la preparate pe grătar extrem de creative, de la mâncare mexicană la preparate din Coreea – este, în aceeași măsură, o oportunitate grozavă pentru blufeuri, care aud coruri de îngeri de fiecare dată când subiectul apare în conversație. Oamenii cu care stai de vorbă vor fi, de regulă, împătimiți ai hoinărelii pe străzile marilor metropole, în căutarea celor mai recente, autentice, inovatoare produse culinare. Simte-te liber să vorbești despre ghereta de bucătărie fusion etiopian-chiliană, unde se prepară rulouri *injera* cu *chevice* din biban și curry de linte cu infuzie de cafea... Frumusețea acestor gherete care vând mâncare pe stradă este că își schimbă permanent locul, pleacă așa, pe nepusă masă sau se închid, pur și simplu. Exact așa se va întâmpla și cu cea despre care tocmai ai povestit, când prietenii tăi nu vor da de ea nicicum. Și tot așa se va întâmpla și cu acea gheretă italiană/ghaneză, unde săptămâna viitoare vei descoperi *jollof arancini*, pentru ca ulterior să dispară și localul acela spaniol/malaezian, care servea *rendang tortilla*.

TEMPORARE (POP-UPS)

Dacă ar fi să iubești ceva mai mult decât mâncarea dintr-un camion sau din portbagajul unei mașini, acela va fi mâncatul în locuri neobișnuite – mai ales când e ceva temporar. Nebunia localurilor temporare apare în forme variate, dar e fix ceea ce pare – localuri care „răsar" efectiv în cele mai neobișnuite și neașteptate decoruri, pentru o perioadă limitată de timp: o zi, o anumită zi din săptămână – ceai și prăjituri servite într-un magazin de antichități sau de haine *vintage*, de exemplu – o săptămână sau patru săptămâni. (Aproape inevitabil, vei spune că marii „jucători" încearcă să câștige ceva în plus din excentricitatea fenomenului, de vreme ce Jamie Oliver și-a declar proiectul „Cina" un *pop-up*. Un *pop-up* de 3 ani, de fapt. Evident, nu mai e de mult ceva temporar, asta se cheamă contract de închiriere pe termen scurt).

În anumite cazuri, un *pop-up* este o ocazie fantastică de a testa o nouă idee culinară, fără prea multe bătăi de cap. Iar faptul că noul produs va atrage, foarte probabil, publicarea pe Instagram și pe diferite blog-uri nu poate fi decât un punct în plus. În alte cazuri, câte un local temporar devine atât de evident de *trendy*, încât duhnește de la o poștă că oamenii se îmbulzesc doar pentru că așa face toată lumea bună, ratând complet esența și sensul gastronomic.

BARURI DE RAMEN

Pentru a sublinia din nou ideea, tăițeii nu mai sunt simpli tăiței. Au devenit *udon, soba* și tot așa. Sunt și fantastic de apreciați, în același timp.

Unul dintre cele mai trendy capricii din Londra în ultimul timp – și în restul Regatului cu siguranță, într-un an sau doi – constă în frecventarea barurilor de *ramen*, în parte pentru că „ramen" sună mult mai bine și mai *cool* decât „supă cu tăiței", dar și pentru că mâncarea servită e ieftină și incredibil de delicioasă. Poate fi descris cu toată încrederea drept noua generație de tăiței la oală.

LOCAL ȘI SEZONIER

În câteva părți din Marea Britanie, conceptul de local și sezonier se află undeva între mantra și filosofie de restaurant. Ideea demnă de reținut în ceea ce privește abordarea „mâncării sezoniere" este că în cea mai mare parte a lumii (și în multe locuri din Marea Britanie, e-adevărat), local și sezonier nu sunt doar niște clișeu cu care să bravezi ci, pur și simplu, felul în care se fac lucrurile dintotdeauna. Amintirea picnicurilor din copilărie de care tu, probabil, n-ai avut parte niciodată, sau al gustului de roșii culese direct de pe vrej (sau nu). Dacă ai avut șansa să guști mâncare atât de proaspătă și de sezonieră, de ce naiba ai vrea alimente aduse de peste mări și țări?

CINA ÎN PORȚIE MICĂ

În final... Conceptul de „tapas" este fantastic în Spania dar, de-a lungul ultimilor ani, s-a extins pentru a cuprinde orice fel de restaurant. Multe dintre aceste localuri nu mai oferă „aperitive" sau „feluri principale", ci porți mici sau mari. Mai mult, vei descoperi, adesea, că totul e servit în porții mici. Este un mod ingenios de a amesteca și a potrivi o mulțime de arome și ingrediente diferite – și un mod și mai ingenios de a te face să cheltuiești cu 50% mai mult. Vei înțelege imediat când te afli într-un astfel de local, pentru că mâncarea va fi precedată de un comentariu superior de genul „Ați mai mâncat la noi înainte? Nu? Atunci permiteți-mi să vă explic cum funcționează meniul." Poate fi, într-adevăr, o abordare enervantă, dar nu ceda tentației de a răspunde „Eu comand feluri de mâncare din meniu și dumneata le aduci ulterior? Nu-i așa? Atunci n-am nevoie de explicații."

Faptul că porțiile sunt mici va genera din partea chelnerului și o replică despre cum „bucătarul va scoate preparatele din bucătărie pe măsură ce sunt gata, indiferent de ordinea în care au fost comandate". Din nou, rezistă tentației de a răspunde „Plătește bucătarul pentru porția mea? Nu plătește? Atunci să scoată preparatele din bucătărie în ordinea cerută de mine", în schimb zâmbește politicos, chiar dacă ți se va explica că e posibil să fie nevoie de vreo 5 porții ca să te saturi. 5 porții din fiecare fel. Relaxează-te. Într-o zi, porțiile mici vor fi înlocuite de un concept absolut revoluționar care va consta în aperitive și feluri principale.

Este aproape de datoria ta, ca blufeur, să ai abordări alternative și să pui la îndoială credința oarbă potrivit căreia OMG-urile – organismele modificate genetic – sunt creația lui Belzebut. Deși, în sinea ta, poți fi de acord cu asta, evident.

O CHESTIUNE DE MUTAȚIE

Una dintre marile bucurii ale unui bluf este de a te contrazice. Mai clar, una dintre marile bucurii ale blufului este de a te contrazice și de a avea argumente imbatabile la îndemână, care să demonstreze ceea ce susții.

Alimentele modificate genetic reprezintă un subiect inepuizabil. Poziția standard acceptată – doar dacă nu ești angajat la un gigant în agricultură precum Monsanto – este aceea că alimentele modificate genetic sunt răul absolut. Este aproape de datoria ta, ca blufeur, să ai abordări alternative și să pui la îndoială credința oarbă potrivit căreia OMG-urile – organismele modificate genetic – sunt creația lui Belzebut. Deși, în sinea ta, poți fi de acord cu asta, evident. În noul tău rol de expert în adorarea mâncării, expresii precum „producător artizanal", „organic" și „mică întreprindere locală" ar trebui să fie sarea și piperul conversației, în mod uzual. Totuși, o recunoaștere a unei potențiale nevoi de alimente modificate genetic și abilitatea de a vedea ambele laturi ale problemei te vor prezenta ca fiind o persoană bine informată și impresionant de analitică.

Statistica, așa cum spuneam și mai înainte, e prietenul tău de nădejde. Câteva date bine alese, susținute de una sau două valori procentuale, pot sugera un nivel de cunoaștere și de înțelegere care depășește cu mult realitatea. Dezbaterea publică despre alimentele modificate genetic face obiectul multor studii și cercetări. Un astfel de studiu, relevant în sprijinul recoltelor modificate, care merită menționat – sau cu alt scop, cum ar fi să declari, de exemplu, că deplângi soarta industriei alimentare britanice – este teoria „14 august".

O DATĂ IMPORTANTĂ DE REȚINUT

Interesul pentru alimentele modificate genetic este legat de creșterea continuă a populației. Cererea de resurse noi este tot mai mare în fiecare zi. În 1991, potrivit Uniunii Naționale a Fermierilor, Marea Britanie producea echivalentul a 75% din cantitatea totală de mâncare consumată de națiunea britanică. În 2013, însă, cifra scăzuse la 62%, ceea ce înseamnă că, în domeniile în care Marea Britanie a ales să se autogestioneze, proviziile națiunii se vor termina – ai ghicit – pe 14 august.

SĂ ÎNȚELEGEM ALIMENTELE MODIFICATE GENETIC

Potrivit argumentelor de mai sus, ai putea susține că, iată, avem nevoie de recolte modificate genetic. Sau de investiții în ferme și în agricultură. Un amănunt ce va apărea în orice conversație despre alimentele modificate genetic este acela că, dincolo de faptul că ar putea fi „lucrarea Satanei" și că, totuși, avem nevoie de ele pentru a hrăni populația tot mai numeroasă, majoritatea oamenilor știu foarte puțin despre acest domeniu. Este un amănunt caracteristic vieții moderne și o oportunitate grozavă pentru lăudărosul din tine.

De exemplu, ce este de fapt un OMG (organism modificat genetic)? Pe același principiu pe baza căruia, acum, poți dezbate chestiunea autenticității, definiția OMG este deschisă dezbaterii. Poți susține, de exemplu, că orice recoltă în istorie a fost, la un moment dat, modificată genetic. E relevant aici conceptul de provizii de rădăcini; toți pomii fructiferi, spre exemplu, au fost obținuți din soiuri atent selecționate, create prin altoirea diferitelor specii. Soiul de plantă a fost cultivat pentru a produce fructe. Rădăcinile sunt special alese pentru a se potrivi cu solul în care sunt plantate. Poți susține, convingător, că acesta este, într-adevăr, un proces de modificare genetică. Mai mult, e nevoie de polenizare încrucișată pentru ca florile pomilor să trăiască și să producă fructe. Asta nu e tot modificare genetică? E o întrebare ce merită adresată – mai ales că nu trebuie să răspunzi tu la ea. În acest moment, poți trece foarte lejer peste punctul în care admiți că nu știi răspunsul, dar dilema e foarte interesantă.

Până la un anumit punct, pentru a produce mai multe fructe sau recolte sau pentru a reduce efectele paraziților, omenirea a modificat/a ajustat plantele de o grămadă de vreme. Doar câteva plante în lumea largă – se spune că broccoli e una dintre ele – pot fi atribuite soiului inițial.

ROȘIA – PEȘTE

La modul general, altoirea și fertilizarea încrucișată nu sunt considerate modificări genetice. OMG-urile „rele" – depinde de care parte a baricadei decizi să lupți – rezultă atunci când oamenii de știință altoiesc gene de la specii complet diferite. De exemplu, anumite soiuri de roșii care sunt sensibile într-un climat rece au fost genetic modificate cu genele care protejează plătica de iarnă de temperaturile joase din adâncurile Atlanticului. Rezultatul? O roșie care nu mai suferă la îngheț.

Implicațiile relevă faptul că astfel de inginerii genetice sunt teritoriul unor oameni de știință nebuni și, de aceea, periculoși și nocivi. Înainte să înhați o torță și să ataci în trombă laboratoarele de la Monsanto și altele asemenea, ar fi util să aduci în discuție chestiunile legate de sănătate. În cazul „roșiei-pește", ambele surse sunt comestibile. Mai ales că, și asta e un detaliu de reținut, o companie e conștientă de faptul că n-ar fi foarte profitabil să-și omoare clienții, fiindcă acest deznodământ nu ajută deloc la repetarea procesului de cumpărare. Aparent, „roșia-pește" e un aliment sigur. În orice caz, fă tot posibilul și lansează o dezbatere morală în care să pui la îndoială dacă asemenea produse ar trebui aruncate pe piață, nu însă și faptul că n-ar fi sigure pentru consum. Poți argumenta această afirmație – cu o oarecare pietate, evident – că instituții redutabile precum Asociația Medicală Americană, Uniunea Europeană și OMS au testat alimentele modificate genetic în amănunt și le-au declarat sigure și sănătoase – deși, bineînțeles, ar spune chestia asta în orice condiții...

În anumite cazuri, OMG-urile pot fi chiar mai sănătoase decât opțiunile alternative. Un bun exemplu este adăugarea unei gene obținute dintr-o bacterie numită *Bacillus thuringiensis* în cartofi. *Bacillus thuringiensis* este obținută pe cale naturală, inofensivă pentru consumul uman, dar foarte toxică pentru gândacul de Colorado, celebra insectă renumită pentru distrugerea recoltelor de cartofi. Reacțiile impulsive la adresa OMG-urilor au dus la stoparea cercetărilor în cazul *Bacillus thuringiensis* și la înlocuirea ei cu pesticide convenționale – care sunt mortale, într-adevăr, pentru gândacul de Colorado (ura!), dar și cu potențial nociv în dezvoltarea creierului mamiferelor cum ar fi, ei bine, ființele umane. Ups!

Mare parte din aversiune este generată de nume – organisme modificate genetic – și de faptul că frizează oarecum experimentul nefiresc de tip Frankenstein. Companiile care activează în domeniul OMG ar fi trebuit să aleagă varianta mai „dulce" a alimentelor altoite sau ceva la fel de confortabil. Un argument concret împotriva OMG-urilor, însă, este că o astfel de manipulare a lanțului alimentar este nefirească și greșită. În vreme ce poți obține diferite rase de câini prin împerechere, sau poți împerechea măgari cu cai, sau lei cu tigri, șansele ca din combinația unei roșii cu o plătică de Atlantic să iasă un aliment apetisant sunt foarte mici.

> Nu e foarte profitabil pentru o companie să-și omoare clienții. Aparent, „roșia-pește" e un aliment sigur.

Un motiv și mai rezonabil de îngrijorare este acela că toată cercetarea în domeniul OMG este adesea finanțată de companii precum Monsanto și DuPont, care au cel mai mult de câștigat de pe urma rezultatelor.

Pe scurt: ai câteva opțiuni în optimizarea blufului despre OMG-uri: de vreme ce resursele de alimente nu mai pot face față cererii populației în continuă creștere, ceva trebuie să se întâmple. Același argument se aplică previziunilor curente potrivit cărora proteinele din insecte sunt următoarea revoluție gastronomică; până la urmă, insectele nu sunt cu nimic mai urâte ca peștele și la fel de pline de proteine. Și sunt deja un aliment foarte popular în Asia (ai remarcat, probabil, că spre deosebire anumite soiuri de pește, insectele nu sunt nici pe departe în pericol de dispariție).

CARNE PRODUSĂ ÎN LABORATOR

Referitor la sursele de carne proaspătă, e posibil ca proteinele din insecte să nu fie singura variantă alternativă. După cum ai auzit, probabil, un burger obținut în laborator a fost gătit și mâncat la o conferință de presă din Londra, în 2013.

Deși nu e o informație esențială pentru bluf, nu strică niciodată să știi câte ceva despre cum se crește un burger. În cazul de mai sus, un institut danez a prelevat celule de la o vacă, a adăugat substanțe nutritive și chimice pentru favorizarea creșterii și a lăsat celulele stem să se multiplice. După 3 săptămâni, deveniseră deja un milion de celule stem, care formaseră mici fâșii de mușchi, care au fost la rândul lor înfășurate și înghețate. Când s-a ajuns la o cantitate suficientă pentru a forma un burger, au fost decongelate, transformate în chiftea și gătite. Verdictul celor care au avut șansa să guste a fost că seamănă cu carnea, așa că e un moment prielnic să faci o glumă despre fast-food.

La ce bun să „crești" carne altfel decât sub forma unei cirezi de vite? Pentru motivele de mai sus. Populația globului crește rapid și un mare procent vrea să consume carne; vacile ocupă foarte mult spațiu pe care deja nu-l mai avem și, chiar dacă ar mai fi existat, produc o cantitate semnificativă de metan, care afectează stratul de ozon. Deoarece nu produce gaze, carnea crescută în laborator este, poate, viitorul. Deși, ca să fim corecți, nu va avea prea mult succes la public. Faptul că un astfel de burger costă 330.000 de dolari a fost comentat pe larg, dar incorect; procesul de cercetare costă 330.000 de dolari, burger-ul în sine – și multe bucăți de proteine de acest fel – sunt mult mai ieftine.

Așadar, ce poziție să adopți ca blufeur? Din nou, a pune întrebări care nu au răspuns este un gambit reușit. Abordează o atitudine gravă și enunță dilema dacă nu cumva carnea din laborator este chiar vegetariană, de fapt. E suficient de provocator pentru a distrage atenția de la amănunte și detalii specifice. O altă chestiune ce merită discutată – evident, mai ușor de ridicat decât de rezolvat – este dacă OMG-urile și vaca de laborator care nu face pârț rezolvă foametea omenirii sau doar simptomele ei, nu și cauza. Oare îi sunt necesare omului atâtea proteine? Oare un sistem mai eficient de distribuție a hranei i-ar ajuta pe fermieri să nu fie nevoiți să crească legume cu bucăți de pește în ele? Ce s-ar întâmpla dacă respectiva carne crescută în laborator dezvoltă și un creier pe parcurs? Ar însemna că e vie! Dacă întrebările astea ți se întorc la un moment dat, e recomandabil să ridici enigmatic din sprâncene: cine știe? E o dezbatere deschisă, nu? Capete mai luminate se preocupă deja de astfel de chestiuni. Există, ca de fiecare dată, două laturi ale adevărului. Înțelegi argumentele pro și contra și, uneori, cel mai sigur e să te așezi la mijloc.

„Dacă ai ingrediente bune, nu mai e nevoie de plecăciuni, aclamații și bomboane colorate la final."

Darina Allen, Ballymaloe Cookery School, Irlanda

TÂRGUIELI ICI – COLO

Cumpărăturile, se spune, reprezintă 80% din bătălia de a găti un preparat excelent. De fapt, nu prea se spune deloc asta, dar sună foarte convingător, nu-i așa?

De vreme ce regulile de a mânca și, mai ales, atitudinea noastră față de mâncare s-a schimbat, la fel s-au schimbat și regulile de a cumpăra. Cu câțiva ani în urmă, regulile târguielilor pentru mâncare erau cam așa: uită-te în dulap, uită-te în frigider, fă o listă, mergi la supermarket, cumpără ce ai pe listă, cumpără multe alte chestii care nu sunt pe listă și hai acasă.

Recent, însă, cumpărarea de alimente a devenit ceva de genul uită-te în dulap, în frigider, în cutia de legume organice, verifică agenda pentru următoarea livrare de legume organice, verifică agenda pentru următoarea livrare de carne organică, verifică rețeta aia pe care ai rupt-o din suplimentul de duminică pentru a afla de câtă quinoa și anghinare de Ierusalim ai nevoie, sună la compania de legume organice, mergi la supermarket pentru alimente de bază, mergi la măcelar, solicită certificatul de naștere și arborele genealogic ale cărnii de vită pe care ai vrea s-o cumperi, mergi la piața locală pentru a verifica sortimentele de brânză artizanală… De dragul semanticii, ar fi bine să ne oprim aici, dar cred că ai prins ideea. Nu doar că regulile s-au schimbat, și-au modificat radical garderoba, și-au făcut operație chirurgicală și au emigrat.

Ca să fim sinceri, a fi un bun cumpărător e o abilitate utilă. Într-adevăr, anumite tehnici pentru cumpărături folosite de cei care adoră mâncarea au devenit un clișeu al clasei de mijloc (și motivul pentru care copiii se tăvălesc pe jos în magazinele de delicatese, urlând „Eu voiam roșii DESHIDRATATE LA SOARE!"), dar e cert că dacă pornești de la început cu ingrediente bune, nu mai e nevoie să faci mare lucru pentru a obține un gust reușit. Darina Allen, care conduce renumita școală de bucătărie Ballymaloe Cookery din Irlanda, ne-a explicat foarte bine: „Dacă ai ingrediente bune, nu mai e nevoie de plecăciuni, aclamații și bomboane colorate la final." E un mod foarte succint de a spune că „simplitatea e cheia", pe care ar fi util să-l arunci în multe conversații despre mâncare.

Nu e nevoie, evident, să faci tot ce am descris mai sus. Poți merge pur și simplu la supermarket și pretinde că știi foarte bine ce ai de făcut. Dar câteva cunoștințe de bază despre cum să alegi ingredientele pot fi foarte utile, de dragul propriilor papile gustative și pentru a-ți susține pretențiile de cunoscător în adorarea mâncării. Contează și faptul că, mai nou, cheltuim pe mâncarea săptămânală sume cu care, altădată, ne cumpăram o vacanță de o săptămână. Chilipirurile îți aduc puncte de spiriduș[8] în lumea asta, plus o agendă cu magazinele cele mai grozave. Pe scurt, a fi cunoscător are avantaje mișto.

A CUMPĂRA INTELIGENT

O relație cu negustorul local de verdețuri poate fi o experiență utilă, mai ales dacă îți vinde (sau chiar îți oferă) o pungă de fructe nu

8 – Punctele de spiriduș (brownie points) sunt, în uzajul modern, o ipotetică monedă socială, care poate fi obținută făcând fapte bune sau câștigând aprecierea celorlalți.

tocmai perfecte, cu care nu mai are ce face. Deși există o anumită plăcere în a avea pe masă un castron de mere perfecte, e și mai plăcut să poți povesti că, pentru plăcinta de mere pe care o servești, ai salvat de fapt planeta și ai gătit ecologic, folosind mere pe care alții le-ar fi aruncat la gunoi. În mod similar, o tocană făcută din resturi și rămășițe de la măcelar – sau din pachete reduse la preț din supermarket pentru că se apropie termenul de expirare – sunt cel puțin la fel de eco-credibile ca o bucată de rib-eye organic, care sigur costă mai mult decât prima ta mașină. În ceea ce privește acea expresie de pioșenie necesară unui bluf reușit, acum e momentul s-o folosești. Evident, nu e cazul să devii cel mai bun prieten al măcelarului sau al vânzătorului de legume; dar poți să te prefaci. „Oh, da", poți spune, în timp de sorbi cu nesaț o supă cumpărată în drum spre casă de la cantina din colț, „Harry îmi păstrează întotdeauna florile sparte de broccoli..."

Sfaturile pentru târguieli, fie că le aduci în discuție sau nu, sunt foarte apreciate. O bună cunoaștere a schimbărilor sezoniere te va face să pari cultivat. De exemplu, nu e cazul să servești la masă sparanghel proaspăt în februarie; dacă verifici cu atenție, vei descoperi eticheta de Peru sau China.

Această frugalitate modernă e o invenție bizară, dar trebuie savurată. E o superbă oportunitate de a blufa și contribuie la eficientizarea bugetului – un câștig pentru toată lumea.

DESPRE COŞURILE DE REDUCERI

Mai am câteva sfaturi care să te facă să pari o persoană chibzuită – de exemplu, să știi când să survolezi supermarketul în căutare de reduceri. Chestia asta se întâmplă, de regulă, cu o oră sau două înainte de închidere. Lanțul de magazine Waitrose, spre exemplu, are franzele de pâine în coșurile de reduceri, iar acesta este un produs căutat de multă lume (chiar și la preț întreg). Mai mult, poate fi congelată pentru altădată. Prietenii tăi pasionați de gastronomie vor fi la fel de încântați când le oferi o felie de pâine artizanală, luată de la piață dimineața, ca și atunci când primesc o felie de pâine la fel de bună, dar luată la reduceri și decongelată. „Într-adevăr", poți spune, „vă vine să credeți că am găsit pâinea asta cu doar câțiva firfirei? Foarte tare, nu? Doar un tip care nu prea știe despre ce e vorba nu apreciază asemenea ofertă..."

O altă ocazie potrivită pentru a-ți demonstra cunoștințele în domeniu este de să știi unde se practică reduceri. Supermarketurile cheltuiesc milioane pentru a descoperi obiceiuri de cumpărare și sunt deja specializate în a crea tot felul de mecanisme care să te îmbie; tocmai de aceea, produsele mai ieftine sunt adesea la un alt nivel decât cel al privirii (spre deosebire de cele extrem de profitabile) iar produsele cumpărate din impuls, precum dulciurile, sunt așezate fix lângă casa de marcat. O minimă cunoaștere a designului de supermarket îți permite să oferi ulterior păreri avizate. De exemplu, ai observat cum structurarea magazinului îndeamnă toți clienții să meargă pe același traseu în jurul rafturilor? Ca experiment, încearcă să schimbi traseul uzual în supermarketul la care mergi și observă de câte ori te trezești că încurci lumea și că mergi contra curentului. Mai mult, verifică de câte ori culorile folosite pentru a semnaliza ofertele sunt folosite și pe produse normale, care nu sunt reduse, pentru a induce ideea unei ocazii, care, de fapt, nu există.

Intri într-o lume bizară, dar mergi înainte. Aceeași oameni care doresc să afle pedigri-ul puiului pe care îl mănâncă vor tresări și la vestea că ai cumpărat – sau cel puțin vei pretinde asta – alimentele de bază din lanțul german de magazine cu reduceri Lidl sau Aldi. Și poți să adaugi, doar ca să-ți dezvolți imaginea de cunoscător cu experiență, că zvonul potrivit căruia cele două magazine sunt conduse de doi frați care s-au certat e doar un mit și atât. Dacă vrei să fascinezi efectiv audiența și așa uluită, spune-le că Aldi deschide un magazin nou în UK săptămânal și că unul dintre magazinele Lidl din Uk este construit pe fostul aeroport *Battle of Britain* din Hawkinge, Kent. Ceea ce va naște întotdeauna dezbateri aprinse despre cine a câștigat, de fapt, Al Doilea Război Mondial.

VIAȚA PE RAFTURI

În rândurile de mai jos avem ocazia să trecem în revistă și alte puseuri de înțelepciune care merită... Un mod foarte rapid de a stabili în fața tuturor că ești un gastronom acreditat, este să devii absolut disperat în fața incapacității oamenilor de a mirosi diferența între un aliment cu adevărat alterat și un altul, care abia a trecut de data recomandată de folosire. Unii vor susține că *trebuie* să mănânci alimentele până la data de expirare, pentru că altfel o să mori, în vreme ce depășirea acestui termen îți creează spațiul necesar de manevră pentru a te da, din nou, mare. Important de reținut – și de introdus în conversație – este că magazinele sunt paranoice de a nu fi date în judecată, astfel că datele înscrise pe ambalaje sunt mult mai devansate decât ar fi cazul. De altminteri, dacă laptele s-a stricat, îți vei da seama de asta. Cu siguranță. Dacă e cu adevărat stricat, și vecinii vor ști.

Ouăle stricate sunt la fel de ușor de identificat și există chiar o metodă tradițională de a-ți demonstra priceperea. Pune ouăle în apă rece. Dacă se scufundă și rămân la fundul vasului, sunt în regulă. Dacă plutesc la suprafață, la gunoi cu ele. Ouăle sunt foarte dense când sunt proaspete, dar coaja este poroasă și, pe măsură ce se învechesc, umezeala se evaporă și aerul pătrunde în interior. Ouăle plutesc pentru că au fost expuse la aer timp îndelungat și de aceea s-au deteriorat.

Cea mai bună ocazie de a-ți demonstra expertiza în durata de viață a produselor este în cazul brânzei. Unii aruncă brânza cheddar doar pentru că a depășit data înscrisă pe ambalaj. Dă din cap trist, dar cu înțelegere, și explică-le faptul că brânza este doar o modalitate de depozitare a laptelui. În cazul brânzei cheddar, aceasta este deja veche de 12 până la 24 de luni, așa că o zi sau două în plus ce mai contează după atât timp?

Mai jos găsești alte detalii pe care e bine să le știi despre anumite alimente atunci când mergi la cumpărături și, la timpul potrivit, asigură-te că restul știu că tu știi chestiile astea.

PEȘTELE

Unii oameni sunt pur și simplu îngroziți de ideea de a cumpăra pește. Într-adevăr, există argumentul solid potrivit căruia, dacă nu ai fost de față la prinderea lui, n-ai de unde să știi dacă e proaspăt – sau nu. Evident, asta nu e o metodă foarte practică.

Ceea ce trebuie să știi în evaluarea peștelui este strălucirea. Ochii trebuie să fie luminoși, peștele însuși ar trebui să arate curat și cu un aspect metalic, iar branhiile de un roșu aprins; ochii șterși, pielea mată și branhiile spelbe nu sunt semn bun. În mod ironic, peștele nu trebuie să miroasă a pește. Trebuie să aibă un miros proaspăt – fără note distincte – doar cu o ușoară aromă de sare.

Dacă îți dorești pește deja filetat, carnea – și orice parte a pielii – trebuie să fie la fel de viu colorată. De asemenea, nu trebuie să aibă miros de pește. Testul împungerii (detaliat la pagina 28) poate fi aplicat cu succes și în acest caz; orice procedură care înseamnă că intri în contact direct cu produsul dă senzația că ești un mare expert.

Pe scurt, regula de bază a testului spune că orice semne de viață recentă sunt de bun augur – chiar dacă e mort, întreg sau secționat, în cazul peștelui, sau încă mai mișcă, în cazul homarilor și al crabilor. În cazul în care cei din urmă mai dau încă din clești, e semn sigur că trebuie să pregătești sosul Termidor.

În ceea ce privește peștele congelat, ca un expert culinar lăudăros ce ești, ai de-a face cu un pariu sigur. Peștele congelat pierde puțin din umezeală și, de regulă, este înghețat imediat după ce e prins.

FRUCTELE DE AVOCADO

O amplă dezbatere culinară se referă la definiția fructului perfect copt de avocado. Pentru cei dornici să mănânce așa ceva, fructul de avocado ar trebui să fie moale, plăcut la atingere, fără a fi însă terciuit, de un verde pătrunzător și uniform și fără urme de lovituri. Pentru cei care conduc un supermarket, însă, „perfect copt" înseamnă, se pare, „de consistența unei ghiulele".

Pentru cei care conduc un supermarket, „perfect copt" înseamnă, se pare, „de consistența unei ghiulele".

Transportarea unui avocado abia copt este foarte periculoasă pentru integritatea fructului. Fructele crude și foarte tari, în schimb, vor ajunge în galantare nevătămate și, în câteva zile, devin perfecte. Mai mult, pentru a te asigura că sunt verzi și nu au capătat nuanțe bălțate sau maronii, perie coaja exterioară uscată. Dacă dedesubtul ei este încă verde, există șanse mari ca fructul să fie la fel de verde și în interior. Dacă, dimpotrivă, dai peste o nuanță maronie, nu mai sunt șanse să te bucuri de acel avocado. Chiar dacă nu ai cumpărat în viața ta un avocado și nici nu ai de gând, poți măcar să contribui la cunoștințele altcuiva.

CARNEA

Evident, măcelarul prietenos din colț – cel cu care deja te tutuiești – va alege pentru tine bucățile și oasele cele mai potrivite. Totuși, o minimă cultură în achiziționarea cărnii nu strică niciodată.

Multe elemente țin pur și simplu de gust. Unii vor spune că friptura trebuie să fie uscată pentru cel puțin 35 de zile, altfel nu merită luată în seamă. Ceea ce o prostie, după cum deja ți-ai dat seama. Dacă e din start o friptură proastă de la o vacă amărâtă, nici un proces de maturare – prin uscare, umezire sau altceva – nu-i va ameliora calitatea și gustul. Mai mult, și mult mai important în susținerea unui argument, depinde foarte mult de gustul fiecăruia.

În procesul de maturare uscată, bucățile de carne de vită sunt depozitate la temperaturi foarte joase timp de câteva zile, pentru ca umezeala din carne să se evapore, ceea ce face însă ca aromele cărnii să devină și mai concentrate. În plus, în timp, enzimele naturale ale cărnii contribuie la distrugerea țesutului interior, ceea ce contribuie la frăgezirea acesteia.

În cazul procesului de maturare umedă, carnea de vită este ținută în pungi vidate, pentru a reține umezeala. Astfel, carnea nu poate „respira" și este practic marinată în propriile fluide, care în alte condiții s-ar fi evaporat. Rezultatul este un proces mai rapid de maturare, dar care este perceput în general ca fiind inferior. Asta dacă nu preferi acest gust pe care milioane de americani par să-l adore.

Durata de 28, 35 și 45 de zile tipică unui proces de maturare este caracteristică multor măcelării și restaurante scumpe. Rezultatul depinde de modul de tăiere, de vită și de ceea ce preferă fiecare. Cu riscul de a simplifica foarte tare conceptul, la 28 de zile persistă încă o anume vioiciune. La 35 de zile, aroma este oarecum delicată, discretă. După 45 de zile, carnea dezvoltă o anume dulceață specifică. Toate cele 3 stadii pot fi foarte bune și au deja câte un fan-club. Nu există metodă corectă sau greșită, asta e important să reții și să transmiți.

Mult mai important, însă, e nivelul de marmorare. Acesta este cu siguranță un termen pe care *trebuie* să-l ai în vocabularul culinar și se referă la cantitatea de grăsime intramusculară a unei bucăți de carne. Grăsimea are gust foarte bun. În cazul cărnii de vită – dar și de miel sau de porc – o bucată de friptură care conține fâșii curate și aproximativ egale de grăsime intramusculară este un semn de calitate al produsului. În timpul procesului de preparare, acea grăsime se topește și frăgezește foarte bine carnea. Fâșiile de grăsime seamănă cu textura unei bucăți de marmură, de aici și denumirea.

Alte elemente de luat în seamă sunt mirosul, textura și culoarea. Primul este simplu de identificat: dacă are un miros puternic, nu cumpăra acea carne. E mai complicat dacă e într-o caserolă acoperită cu folie, însă, dacă ai dubii, poți s-o returnezi magazinului. În ceea ce privește textura, este util să strângi puțin carnea. Sau o poți împunge ușor, ceea ce demonstrează nu numai un nivel ridicat de cunoștințe în domeniu, dar chiar te ajută să identifici o bucată de carne de calitate. O carne proaspătă ar trebui să cedeze relativ ușor și să revină în poziția inițială, cînd este împunsă sau strânsă. Dacă nu se întâmplă așa, mergi mai departe. În ceea ce privește culoarea, evită, evident, nuanțele de verde – „indiferent de ce spunea dr. Seuss în povestea pentru copii *Ouă și șuncă verde*", ai putea adăuga – și caută carne de vită sau miel de un roșu închis sau carne de pui ori de porc cu o nuanță rozalie (nu cenușie!).

Un mod sigur de a demonstra experiență în alegerea cărnii este de a le sugera metoda amicilor de discuție să împărțiți un animal întreg. În același mod în care se poate achiziționa un butoiaș de whisky care lăsat să îmbătrânească în continuare într-o distilerie, poți să-ți împărți și sursa de proteină animală. Adică să cumperi o vacă, un porc sau o oaie întreagă, laolaltă cu niște prieteni, după care să primești partea cuvenită când animalul este tăiat. A-ți invita prietenii „să împartă" cu tine demonstrează o preocupare aparte pentru standardele zootehnice, pasiunea pentru carne de calitate precum și faptul că știi că se poate face așa ceva.

O pulpă de vită, cine dorește?

Un aliment care te face să slăbești mâncându-l – cât de grozav ar fi? Pe de altă parte, dacă ar exista așa ceva, probabil că ar avea gust de țelină.

MITURI DESPRE MÂNCARE

Există tot soiul de mituri despre mâncare dar, în ceea ce te privește, chestia asta e un posibil avantaj. Ceea ce nu e cunoscut pe de-a-ntregul și adesea greșit înțeles devine biletul de aur al unui blufeur veritabil – o invitație să-i înveți și să-i informezi pe ceilalți.

Există numeroase concepții greșite. Percepția potrivit căreia ciocolata belgiană este superioară altora este un exemplu elocvent, la fel și ideea că un conținut de 70% ciocolată este minimum admis pentru un produs bun; orice procent mai mic nu este, pur și simplu, suficient[9]. Sau legenda potrivit căreia stridiile sunt afrodiziace, salatele sunt o alegere sănătoasă sau că ardem mai multe calorii mâncând țelină decât consumăm de fapt… Și lista continuă la nesfârșit.

O cunoaștere la suprafață a adevărului despre aceste legende reprezintă mai mult decât știu majoritatea oamenilor. Am listat mai jos cele mai frecvente mituri, alături de o argumentație suficient de elocventă pentru a le susține sau pentru a le demonta cu ușurință.

CIOCOLATA BELGIANĂ ȘI CEA CU 70% CACAO SUNT CELE MAI BUNE

Multe rețete specifică clar ciocolată belgiană sau cu minimum 70% cacao, ca și cum acest ingredient ar garanta automat calitatea. Ciocolata belgiană este doar o găselniță de marketing. Există, evident,

9 – vezi „Ghidul lăudărosului despre ciocolată", în curs de apariție.

producători de ciocolată belgieni extrem de iscusiți, dar sunt și alții absolut groaznici. Ideea de bază este că în Belgia nu cresc arbori de cacao și nici nu are standarde oficiale de calitate în producerea ciocolatei.

Cred că ai înțeles, evident, că procentul de 70% se referă la produse din ciocolată solidă. Ar fi indicat de subliniat, în acest context, că pot fi 70 de procente dintr-o ciocolată oribilă. Cum rămâne cu celelalte 30? Nimeni nu se întreabă ce conțin, nu-i așa? Răspunsul este: zahăr și unt de cacao, poate și niște lapte praf și/sau vanilie, dar poate fi la fel de bine grăsime animală, vegetală sau minerală.

STRIDIILE SUNT AFRODIZIACE

Ah, vechea legendă! Sursa ei tipică este un apocrif istoric – Casanova mânca la micul dejun câte 50 de stridii zilnic – sau faptul, ceva mai științific, că aceste fructe de mare sunt pline de zinc, un mineral cunoscut a avea un efect pozitiv asupra producției de spermă și, posibil, a libidoului. Un studiu relativ recent a descoperit, însă, că aceste moluște cu două valve – clasa de crustacee căreia îi aparțin stridiile – sunt bogate în doi aminoacizi, acidul aspartic D (D-Asp) și D-aspartat de N-metil (NMDA) – informație demnă de reținut. Acești acizi, odată injectați în cobai, au determinat o creștere a producției de testosteron la masculi. Ceea ce nu înseamnă, cum bine ai putea sublinia, că vor avea același efect și la oameni. Așadar, există anumite argumente care susțin teoria – dar și argumente care, de fapt, o contrazic. Indiferent de ce alegi să crezi, există loc de ridicat dileme și de stârnit dezbateri care, cuplate cu o înțelegere complexă a temei, pot conduce la idei interesante de bluf.

CAFEAUA DECOFEINIZATĂ NU CONŢINE COFEIN

Sincer, nu e adevărat. Minimum prevăzut de standardele internaționale este de 97% absență a cofeinei. Standardele UE sunt ceva mai stricte și impun un procent de 99,9%. Deci există o urmă de cofeină pe-acolo, chiar dacă în proporții foarte reduse.

Ceea ce ai vrea să iei în calcul, totuși, este procesul prin care cofeina este îndepărtată din cafea. Cofeina se extrage cu ajutorul solvenților, printre care acetat de etil, clorhidrat de metil (diclormetan sau DCM) sau chiar mult criticatul dioxid de clor. Hm, ce bun! Mai ales când te gândești că diclormetanul se folosește și în dizolvantul de vopsele. E un argument foarte bun pe care să-l prezinți cu o gravitate adecvată, urmat de sugestia de a înlocui cafeaua decofeinizată cu o altă băutură, ceva mai puțin modificată chimic. Poate nu chiar ceai verde, însă...

CEAIUL VERDE NU CONŢINE COFEINĂ

Oamenilor li se sugerează adesea, sau optează ei înșiși pentru ceaiul verde, ca variantă de băutură cu un conținut redus de cofeină. Oprește-te! Deoarece acum tu vei declara cu încredere deplină, pentru că este adevărat: ceaiul verde are la fel de multă cofeină ca orice alt ceai. Explicația este că toate ceaiurile provin din aceeași plantă, anume *Camellia sinensis*, fie că e ceai negru, alb sau verde. Ceaiul verde este mai puțin procesat, asta e cert, dar are exact același nivel de cofeină ca și celelalte menționate.

ARZI MAI MULTE CALORII MÂNCÂND ȚELINA DECÂT CONȚINE EA ÎNSĂȘI

Un aliment care te ajută să pierzi în greutate pe măsură ce-l consumi – cât de grozav ar fi? Pe de altă parte, dacă așa ceva ar exista, ar avea gust de țelină. Din păcate, acest mit nu este adevărat.

Țelina este, fără îndoială, un aliment cu foarte puține calorii. O rădăcină de țelină conține în mare parte apă și are în jur de 6 calorii. O femeie obișnuită, de exemplu, care stă jos la masă și mănâncă se consideră că arde aproximativ 30 de calorii pe oră. Deci da, dacă mănânci doar o rădăcină de țelină și faci asta într-o oră, vei arde cam 24 de calorii. Ce șanse reale sunt să se întâmple chestia asta, vei spune și pe bună dreptate.

ALIMENTELE FĂRĂ GRĂSIME ȘI SALATELE SUNT ÎNTOTDEAUNA BINEVENITE

Sunt niște credințe atât de larg răspândite, că strategiile de marketing se adresează exclusiv și direct celor care cred în teoria asta. Totul, de la ciocolată la sosul de salată, de la bere la pâine sau cerealele pentru micul dejun, este servit într-o variantă care promite a fi „fără grăsimi", „cu o cantitate redusă de grăsimi" sau „acum cu și mai puține grăsimi". Ceea ce implică faptul că sunt niște produse sănătoase, care contribuie la scăderea în greutate. Cu toate astea, grăsimile au gust bun și sunt cele care potențează adesea gustul produselor. Îndepărtarea sau reducerea grăsimilor schimbă savoarea, iar producătorii adaugă adesea zahăr sau chimicale pentru a corecta aceste schimbări. Este un proces care trebuie pus la îndoială și menționat cu orice ocazie.

În ceea ce privește salatele, frunzele proaspete și legumele sunt benefice pentru digestie, stare generală de sănătate, conținut de vitamine etc. Acoperă-le însă cu un sos făcut din ulei, cu bucăți de bacon, brânză rasă și altele asemenea și vei obține un fel de mâncare la fel de caloric ca preparatul principal pe care încerci să-l eviți. La un moment dat, McDonald's vindea o salată Cesar care s-a dovedit a fi mai calorică decât clasicul burger (425 de calorii și 21,4 grame de grăsime, față de 253 de calorii și 7,7 grame de grăsime).

Ceaiul verde este mai puțin procesat, asta e cert, dar are exact același nivel de cofeină ca și celelalte ceaiuri.

ABERDEEN ANGUS ESTE UN INDICATOR AL CALITĂȚII

Adesea, vei găsi în meniuri sau în supermarket carne de vită *Aberdeen Angus*, etichetă care desemnează carnea scoțiană de vită pură și de bună calitate. Cum ți-ai dat seama, există un oarecare grad de exagerare aici. Și ceva distanță față de Aberdeen.

Aberdeen Angus este o rasă de vite. Nu este un brand. Rasa asta poate crește oriunde, nu doar în Scoția. E bine de subliniat și faptul că a fost împerecheată cu alte rase, pentru ca vitele să crească mai mari și să dea mai multă carne. Există multă carne de vită de bună calitate din rasa Aberdeen, dar numele în sine nu reprezintă o garanție a calității. Calitatea cărnii este determinată de cum a fost acel animal hrănit, îngrijit, sacrificat și, evident, de procesul de maturare.

Același argument se aplică în cazul curcanului *Bronze*, care îți asigură o masă de Crăciun ca în povești; *Bronze* este o rasă de curcan, nu un brand.

ŞTIINŢA DIN TIGAIE

Cum am menționat anterior, statistica este cel mai bun prieten al unui blufeur. Un procent strecurat în conversație la momentul oportun conferă o greutate considerabilă argumentației tale. Știința are un rol similar. Majoritatea dintre noi acceptă în general informațiile despre mâncare fără a le judeca și a le înțelege, neapărat. Un anumit grad de pricepere, însă – indiferent cât de redus – poate face diferența de la o umilă opinie la expertiză incontestabilă.

Poate cea mai indicată sursă pentru astfel de informații este scriitorul american Harold McGee și a sa renumită carte „Despre mâncare și gătit", publicată în 2004. E o lectură excelentă, fascinantă și cu mai multe argumente științifice solide decât ai putea avea vreodată nevoie. Iată, însă, câteva detalii care te vor transforma într-un expert culinar.

O CHESTIUNE DE GUST

Prima întrebare pe care oamenii o adresează în general despre mâncare – dincolo de blestemata discuție despre autenticitate – se referă la gust și la savoare. Plăcerea constă în faptul că gustul și aroma, deși conectate, sunt chestiuni diferite. Gustul reflectă direct gustul mâncării. Savoarea, aroma se referă la o percepție personală a ceea ce gustăm și mirosim.

După cum probabil știi deja – dacă nu, sigur vei ști în câteva secunde – mult timp s-a considerat că există 4 categorii mari de gusturi:

dulce, amar, sărat și acru. Combinația lor conferă baza pentru cele mai multe gastronomii și, când analizezi alimente care au gust bun, înțelegi, de fapt, că un amestec echilibrat al celor 4 gusturi este ceea ce contează.

Restaurantele adaugă glutamat de sodiu (MSG) în preparate deoarece, să fim sinceri, dă un gust mult mai bun mâncării.

În prezent, este general recunoscut și acceptat un al cincilea gust: *umami*. Se traduce oarecum prin „a fi savuros" și reprezintă acel ceva ce conferă anumitor preparate un gust aparte, memorabil. Îți face să tresară cerul gurii și să sfârâie de plăcere; poate fi descoperit în numeroase preparate, de la roșiile coapte la brânza maturată precum parmezanul sau diferite tipuri de carne, până la sos de soia sau *Marmite*, care sunt, în esență, *umami*. Ceea ce conferă senzația asta unică este, de fapt, glutamatul, un tip de aminoacid. De aceea, multe restaurante – mai ales chinezești, dar și altele – adaugă glutamat de sodiu în mâncare (MSG) deoarece, să fim sinceri, preparatele au un gust mult mai bun.

E posibil să găsim tot felul de fisuri în această teorie a gustului. Înțelepciunea aiurvedică – un termen care te va ajuta să pari un fin cunoscător – susține că, de fapt, există 6 gusturi care, ignorând *umami*, adaugă la cele 4 menționate gustul astringent (acea senzație de gură uscată pe care o ai uneori, după ce bei ceai sau vin roșu) și înțepător (efectul stârnit de chili sau de muștar). Unii oameni de știință susțin că există chiar 7 gusturi, *umami* fiind prea important pentru a fi lăsat deoparte. Unii consideră că mai există un tip de gust (al cincilea, al șaselea, al șaptelea sau al optulea, cum vrei să numeri), anume gustul grăsimii, deoarece gura reacționează în mod diferit la substanțele grase. Alții cred că chili și muștarul sunt în categorii diferite, dictate de un nivel diferit de înțepătură la limbă. Evident, asemenea contradicții sunt ideale pentru un blufeur.

Deși e o dezbatere interesantă, poate cel mai ofertant punct al ei este diferența între gust și savoare.

DECOR OLFACTIV

Savoarea este un simț hedonist, adică este puternic determinat de plăcere. În cazul mâncării, este vorba despre plăcerea derivată din combinația dintre gust și aromele olfactive – spunem așa deoarece „olfactiv" sună ceva mai autoritar și mai științific decât „mirositor".

Oamenii de știință estimează că majoritatea aromelor pe care le recunoaștem sunt simțite cu ajutorul nasului. Într-adevăr, e vorba de un procent de 85%. Dacă vrei să le demonstrezi asta oamenilor, roagă-i să soarbă dintr-un pahar de vin sau să muște dintr-o bucată tare de brânză, acoperindu-și însă nările. Scoate mirosul din ecuație și savoarea se reduce semnificativ. Aceeași logică este valabilă când răcim. Nasul este blocat, nu mai poți mirosi normal și mâncarea nu mai pare la fel de apetisantă. Același fenomen se întâmplă când mâncarea este servită la temperatura nepotrivită. Compară o bucată fierbinte de bacon, abia scoasă din tigaie, cu una rece și sleită.

A FRĂMÂNTA ALUATUL

Mâncarea și știința construiesc o combinație fabuloasă, deoarece ne fac să luăm drept bune multe lucruri, fără să ne mai punem mintea la contribuție. Să luăm, de exemplu, frământatul pâinii (ar fi bine să reziști tentației de a spune poanta cu făcutul pâinii pentru că brutarul avea nevoie de parale[10]). De ce se frământă aluatul? Răspunsul simplu este acela că drojdia trebuie distribuită în mod egal în tot aluatul. Pentru că drojdia, așa cum știe orice brutar de meserie, face pâinea să crească și să fie fragedă. Frământarea aluatului face ca pâinea să crească uniform. Este și un mod de a descompune glutenul.

Gluten este ceea ce obținem când amestecăm apă și proteine (care, în cazul pâinii, sunt prezente în făină). Din punct de vedere științific, e și plastic, și elastic. Asta înseamnă că își va schimba forma sub presiune, dar tinde să revină la forma inițială când presiunea dispare. Frământarea aluatului înseamnă că se comprimă și se întinde glutenul, forțând și descompunând astfel moleculele într-o structură mai ordonată. Rezultatul este o cocă mai stabilă și o coacere uniformă, deoarece coca poate crește și încorpora dioxidul de carbon produs de drojdie. Fără această structură moleculară specială, dioxidul de carbon s-ar evapora. Dacă te gândești mai bine – și le spui și altora chestia asta – cea mai simplă rețetă este, de fapt, o combinație perfectă de ingrediente și preparare.

A COACE SAU A FRIGE?

Pâinea se coace în cuptor. E interesant, pentru că atunci când pui carne la gătit în cuptor, se spune că o frigi. Care e diferența? Nu

---

10 – "kneaded the dough" se pronunță cam ca "needing the dough", care în argou înseamnă a avea nevoie de parale

există. Așa se spune – doar o convenție. Ambele sunt metode de gătit uscat și la temperaturi ridicate; aerul fierbinte din cuptor este cel care gătește, de fapt, alimentele dinăuntru. Unii vor replica – dar poți combate chestia asta – că a frige presupune o temperatură mai înaltă. OK, dar în afară de asta procesul este același. Dacă interlocutorii tăi vor insista să continue dezbaterea, le poți aminti, pur și simplu, cum i se spune în meniuri peștelui gătit în cuptor. Au văzut vreodată „pește fript"? Nu, este „pește copt". Din cine știe ce motive, convenția este că „frigem" carne și legume și „coacem" prăjituri, pâine și pește.

ADEVĂRUL MISTUITOR

Referitor la carne, de câte ori ai auzit pe cineva spunând că e bine să lași carnea să se rumenească bine în tigaie, pentru a deveni suculentă? Se întâmplă adesea, iar afirmația se bazează pe următoarea logică: prăjirea formează o crustă care împiedică sucurile din interiorul cărnii să se scurgă în afară. Păstrându-le în interior, carnea păstrează o textură suculentă, absolut delicioasă. Pentru că toate sucurile ei rămân în interior.

Din păcate, e o aberație. Crusta care se formează nu e nici pe departe un scut de nepătruns. Scopul prăjirii este de a adăuga savoare. Atât. Procesul de prăjire nu are nici o putere de a forma o crustă care să mențină sucurile cărnii și, astfel, savoarea ei înăuntru; dimpotrivă, procesul de prăjire este cel care creează savoarea. Mai mult, este un fapt general acceptat potrivit căruia carnea are un aspect mai apetisant prin prăjire. Este și motivul pentru care i se spune reacția Maillard, denumită după Louis Camille Maillard, un chimist francez care, dacă n-ar fi fost faimos pentru descoperirea sa, ar fi trebuit să fie pentru mustață.

Vei auzi adesea că procesul de rumenire mai este numit și „caramelizare", ceea ce e destul de corect. Aplicarea căldurii provoacă o reacție chimică între un aminoacid și zahăr. Carnea se rumenește și are un gust mai bun.

Dacă ai vreo înclinație spre știință, acum e ocazia ta de a străluci. În mod oficial, reacția Maillard este o formă de rumenire non-enzimatică, în care gruparea carbonil din interiorul zahărului reacționează la gruparea amino-nucleofilică din aminoacid și formează un amestec complex de molecule responsabile de o varietate de arome și gusturi. Ai înțeles?

Rumenirea nu creează doar o culoare ceva mai atractivă și un profil mai savuros. Reacția Maillard creează sute de combinații de gusturi, care ulterior se descompun în multe altele. E o chestiune foarte inteligentă și explică de ce savoarea este mai intensă – poți „arunca" aici noțiunea de *umami* în conversație – în carnea prăjită. Mai există un exemplu fantastic al reacției Mailard, când versiunea finală și rumenită a mâncării are un gust semnificativ diferit de forma sa inițială. Se cheamă „pâine prăjită".

Reacțiile fizice ale anumitor alimente sunt un subiect foarte util pe care să-l aduci în conversație și care sugerează despre tine că stăpânești la perfecție știința gastronomiei, ceea ce e extrem de valoros pentru un blufeur. Unul dintre cele mai banale subiecte ar fi, de exemplu, de ce plângem când tăiem ceapă. Un răspuns simplu? Din cauza acidului sulfuric.

Ceapa conține o substanță volatilă. Nu teribil de volatilă, în sensul că nu poți scutura o ceapă și să te aștepți să dispersezi mulțimea din piață. Însă e suficient cât să te facă să lăcrimezi când o tai. Acest „agent de lăcrimare" – un agent care irită ochii, cunoscut și sub denumirea de gaz lacrimogen – este eliberat pe măsură ce decojim și tăiem o ceapă.

Decojirea și tăiatul sparg celulele cepei, ceea ce permite conținutului să se amestece. Reacția acestor componente creează gazul lacrimogen amintit. Ești gata pentru detaliile științifice? Celulele cepei conțin acid sulfenic și sulfoxizi ai unor aminoacizi, care se descompun în enzime pentru a forma o combinație de gaz sulfuros, care reacționează cu apa din lacrimi și formează acid sulfuric. Acidul provoacă înțepături în ochi, ceea ce cauzează reacția de lăcrimare. Acest gaz dispare în procesul de preparare, dar tot el este vinovat pentru gustul usturător pe care pot să-l aibă anumite cepe crude.

Oamenilor le place, încă, să consulte tehnici și rețete scrise pe hârtie și preferabil într-o carte. Un iPad pătat de unt și de sos nu e teribil de apetisant.

A GĂTI DIN CĂRȚI

Vânzările de cărți de bucate scrise de vedete din domeniul gastronomic au crescut în Marea Britanie cu 250% în 2012. Este o cifră remarcabilă, deși pare greu de argumentat de către un blufeur. Dacă asta e realitatea, însă, iar tu nu ai suficientă încredere pentru a-i determina pe ceilalți să te creadă, încearcă să prezinți problema prin prisma următoarelor date concrete: cartea de diete a lui Hairy Biker a detronat faimosul *50 de umbre ale lui Gray* de E.L. James din topul celor mai bine vândute cărți; volumul total de vânzări de carte obținut de Jamie Oliver (până în 2012) a atins suma de 126 de milioane de lire sterline, aducându-l pe Jamie pe locul doi în topul celor mai de succes autori britanici, după J.K. Rowling, creatoarea lui *Harry Potter*.

Dintr-un motiv misterios, se parte, deși multe rețete sunt disponibile de-acum online, cărțile de bucate se împotrivesc tendinței generale de scădere a vânzărilor pe piața cărții tipărite. Nu este clar ce determină acest trend, dar se poate specula că gătitul și mâncatul sunt chestiuni atât de personale, că oamenii preferă să consulte, încă, tehnici și rețete scrise pe hârtie, preferabil într-o carte. Un iPad pătat de unt și de sos nu e teribil de apetisant.

Dacă ochii sunt oglinda sufletului, cum se spunea odată, atunci raftul de cărți este fereastra către cerul gurii.

Nici chiar așa, dar ceva adevăr există în povestea asta. Mulți oameni pretind că poți cunoaște personalitatea cuiva în funcție de cărțile din bibliotecă. Alții încearcă să pară mai inteligenți și erudiți, aliniind pe rafturi cărți premiate, dar încă sigilate, și titluri renumite lăsate întâmplător prin casă. Așadar, care sunt cărțile ce merită să fie aliniate la vedere? Și care sunt cele pe care chiar merită să le folosești? Iată un ghid pentru a obține repejor un raft impresionant de cărți, dar și o selecție de titluri pe care chiar să merite să le consulți.

RAFTUL DE CĂRȚI

„GASTRONOMIE MODERNĂ"

Cu ocazia asta, raftul se umple imediat; „Gastronomia modernă" (publicată în 2011) e alcătuită din 6 volume și 2,438 de pagini cu argumente culinare științifice, analize, rețete și fotografii incredibile, create de fostul director tehnologic de la Microsoft, Nathan Myhrvold, de Chris Young, care a contribuit la dezvoltarea bucătăriei experimentale de la *The Fat Duck*, și de renumitul bucătar Maxime Bilet. Oferă o perspectivă frumoasă, creativă și complexă asupra gusturilor și a texturilor, cu explicații detaliate (și rețete decupabile) despre tehnici de gătit, de la faimoasa vidare (*sous vide* – o formă de preparare prin vacuum, foarte populară în Franța), până la gătitul pe grătar. Rețetele prezente în primele 5 volume au fost compilate în cel de-al șaselea, care conține pagini ușor de șters și de curățat. Cu un preț de vânzare de 395 de lire sterline, această compilație reprezintă investiția cea mai valoroasă într-un bluf de calitate. Cumpăr-o, pătează-o cu drag de mâncare și ai grijă ca paginile ei să arate suficient de „răsfoite".

Cartea originală, „Gastronomia modernă", a determinat, ulterior, apariția a două volume suplimentare: „Gastronomia modernă acasă" (publicată în 2012), care oferă exact ceea ce spune în titlu (și recunoaște, probabil, că versiunea anterioară nu era chiar cea mai accesibilă variantă) și „Fotografii ale gastronomiei moderne", o minunată colecție de imagini de mari dimensiuni care-ți lasă gura apă.

„GASTRONOMIA LAROUSSE"

Bunicul cărților de bucate? Foarte probabil. Este, cu siguranță, mult mai bine documentat și argumentat decât apariția doamnei Beeton pe piața de specialitate. Fanii genului – tu, cum ar veni – vor declara cartea „o resursă inegalabilă", „esențială pentru înțelegerea istoriei gastronomiei moderne și a tehnicilor de gătit", dar și „plină de idei despre cum să gătești orice." Detractorii – tot tu, dacă așa cere contextul – vor sublinia faptul că da, informațiile sunt comprehensive, dar rețetele nu funcționează decât dacă ești pasionat de mâncarea franceză; în plus, conținutul este complet depășit și, cu toată bunăvoința din lume, este mai mult un fel de enciclopedie culinară pe care merită s-o răsfoiești din punct de vedere cultural, decât pentru rețete pe care să le mai și prepari.

În vreme ce denumirea franceză sugerează că tipul ăsta, Larousse, trebuie să fi fost un fel de dumnezeu al gastronomiei prin anii 1938, numele aparține, de fapt, editurii care a publicat cartea. Ceea ce poate facilita subminarea influenței cărții, dacă situația o cere, ca fiind, de fapt, echivalentul lucrării „Compendiu culinar" publicat de Reader's Digest. „Gastronomia Larousse" a fost scrisă de un ins cu nume predestinat, Prosper Montagné (1865 – 1948), un renumit *chef* francez cu un cv impresionant și cu o și mai impresionantă cultură a istoriei și gastronomiei franceze; tipul a folosit o abordare metodică, deoarece cartea acoperă toate regiunile Franței și orice ingredient la care te-ai putea gândi.

Cartea este cea mai detaliată despre un anumit tip de gastronomie pe care o poți găsi, indiferent că ne place sau nu. Chef Anthony Bourdain este de aceeași părere, numind-o „biblia culinară" și „finalul definitiv al tuturor dezbaterilor". Și adaugă: „La începutul carierei mele culinare, am fluturat acest Larousse ca pe o armă și nu m-a dezamăgit niciodată." Folosește aceste comentarii cum crezi de cuviință. Cartea își merită însă din plin (și fără pete de sos) locul pe raftul de onoare.

CARTEA DE BUCATE DE LA THE FAT DUCK

Nu-i o carte de bucate de ținut pe măsuța de cafea, ci, mai degrabă, una pe care s-o folosești drept măsuță. Opul lui Heston Blumenthal cuprinde o viziune cuprinzătoare despre primul său restaurant, istoria acestuia și preparatele care l-au făcut faimos și este, fără îndoială, o lectură fascinantă. De asemenea, e și amenințător de greu pentru încheieturi, iar în multe cazuri e nevoie de o bucătărie mai mare pentru a o deschide. Iar asta e doar o parte a problemei, deoarece vei avea nevoie de o mașină de vidat, de un deshidrator, de o pompă de vacuum și de o butelie cu nitrogen, pentru a putea exersa anumite rețete.

Sunt aproximativ 50 de rețete create de spectaculosul, autodidactul și așa-numitul „gastronom molecular" Heston Blumenthal, printre care se numără somonul fiert în lemn dulce, terciul de melci și înghețata de ouă cu bacon. Multe rețete sunt de-a dreptul infame sau imposibil de preparat fără a avea acces la bucătăria lui Heston sau la bârlogul vreunui infractor din filmele cu Bond – și tot n-ar fi simplu, chiar cu cea mai sofisticată tehnologie. Cu toate astea, cartea este reușită și, după cum poți sublinia în fața oricui ascultă, farmecul gătitului nu constă în a urma mot-a-mot rețetele, nu-i așa? Cartea este o minunată sursă de inspirație, care demonstrează ce se poate face cu oareșce imaginație și câteva arome bine alese. Până la urmă, nu rezultatul final e miza, ci călătoria care ne duce până acolo; câteva rețete sunt ușor de preparat și chiar excelente. Trebuie adăugat, însă, că 40 de lire sau chiar peste, e destul de mult pentru o singură rețetă de pâine prăjită în stil franțuzesc.

Multe rețete sunt imposibil de preparat fără a avea acces la bucătăria lui Heston sau la bârlogul vreunui bandit din filmele cu Bond.

FÄVIKEN

Poți alege, desigur, cartea editată de restaurantul *Noma* („Noma: timp și loc în bucătăria nordică"). Cum am menționat deja, popularitatea bucătăriei scandinave este prea importantă pentru a fi ignorată în noua ta postură de adorator culinar de prestigiu. Oricum, din moment ce tot mai mulți pasionați sunt interesați de abordarea de tip *Noma*, e timpul să privim spre nord în căutarea inspirației.

Astfel, trebuie să-l aducem în prim-plan pe Magnus Nilsson de la *Fäviken*, Suedia (un restaurant care a intrat recent în top 50 din lumea întreagă) și cartea acestuia, care nu vorbește atât de mult despre rețete, cât despre filosofie. Nilsson, un individ cu o barbă strălucitoare, servește preparate obținute exclusiv din ingrediente cultivate, crescute, vânate sau găsite în imediata vecinătate a restaurantului și folosește metode străvechi de păstrare, din considerentul că vechii fermieri din regiune nu aveau acces la mașinării de vidat și la nitrogen lichid; mai mult, gătește cu metode extraordinar de simple și de directe – și doar pentru 12 persoane pe seară.

„Rețetele" (oțet maturat în molid ars avem, vrea cineva?) implică, în general, ingrediente mai rare prin părțile noastre[11] – doar dacă, poate, există un magazin local specializat în ciuperci *Lactarius* amărui (cunoscute și ca ciuperci de pin sau râșcovi). Situația aceasta îți oferă două opțiuni, în acest moment: poți susține că ai încercat să prepari o rețetă din carte cu ingrediente aduse din Suedia de tine / de un prieten / de un coleg / de mama; sau poți merge din nou pe ideea că nu rețeta în sine contează cel mai mult, ci inspirația pe care ți-o conferă și puritatea ideilor.

PENTRU RAFTUL DIN BUCĂTĂRIE

„BIBLIA CULINARĂ LEITHS"

Dacă e suficient de bună pentru absolvenții de la Leiths… Dacă ar fi să alegi o singură carte pe care să o ții în bucătărie, există argumente întemeiate pentru ca aceea să fie „Biblia culinară Leiths".

Foarte potrivită pentru a forma cultura de bază a studenților renumitei „Școli de gastronomie și vin" din Leiths și asemenea *Larousse*-ului, cartea reprezintă un excelent punct de pornire pentru orice ai încerca să prepari. Nu-ți oferă chiar cele mai avansate tehnici și cea mai nouă știință – pe de altă parte, nici *Larousse* nu menționează

---

11 – Autorul se referă la Anglia.

tehnica vidării, asta fiindcă și varianta actualizată a cărții este deja depășită; în *Leiths* n-o vei găsi, în schimb, pentru că este prea al naibii de *funky*.

Pe lângă multe pete de mâncare pe post de semne de carte, primele 100 de pagini trebuie să poarte și semne evidente că au fost îndelung răsfoite, deoarece conțin un barem al tuturor informațiilor culinare de care vei avea vreodată nevoie, precum planificarea meniului, conversații potrivite la masă, sfaturi despre congelare, vin, echipamente și calculul cantităților. În rețete vei găsi cantitățile specificate în ambele sisteme de măsură (imperial și metric), iar toate temperaturile sunt specificate atât în Fahrenheit, cât și în Celsius. E o carte foarte practică. Nu te aștepta la poze, ci la informații utile și o cultură de bază strălucită pentru o gastronomie domestică decentă. Este, în același timp, genul de carte recomandată mai degrabă de bucătari decât de public, de aceea conferă un sprijin subtil aspirațiilor tale de expert culinar. Insistă pe chestia asta.

„CURSUL COMPLET DE GĂTIT AL DELIEI"[12]

Dacă vorbim despre o carte pe care chiar s-o folosești, această favorită de lungă durată are puțini rivali. Conține explicații clare despre ingrediente și tehnici de bază în gastronomie, instrucțiuni simple și sfaturi practice și utile, plus tabele de conversiune a valorilor și liste cu echipamente și ustensile folositoare. Și mai grozav e faptul că sunt șanse mari să descoperi exemplare în coșurile cu cărți gratis, deoarece oameni care se pricep mai puțin ca tine au ales să înlocuiască ediția uzată din 1983 cu ceva mai modern și complet inutil. Dacă alegi să cumperi o ediție nouă, recomandăm să o așezi chiar pe plită

12 – Similar renumitei cărți de bucate românești a Sandei Marin

atunci când frigi ceva în ulei, să o lași deschisă la o rețetă de prăjitură în timp ce spargi și bați un ou cu entuziasm și să folosești un deget pătat cu sos ca să dai paginile la capitolul „Carne: frigere și coacere la oală".

„PUI FRIPT ȘI ALTE POVESTIRI"

Publicată inițial în 1994, cartea „Pui fript și alte povestiri" scrisă de Simon Hopkinson a avut parte la început de critici favorabile, de câteva premii și de foarte puține vânzări. Dintotdeauna un fel de șef al chef-ilor, Hopkinson a condus câteva restaurante proprii, a deschis celebrul *Bibendum* pentru Terence Conran și și-a părăsit meseria pentru a se apuca de scris. Așa a apărut cartea în cauză, care părea, inițial, că avea să dispară fără să lase urme.

Brusc, în 2005, o mână de scriitori de gastronomie, bucătari și alți iluminați în domeniu au votat-o drept cea mai utilă carte de bucate din toate timpurile. Drept rezultat, cartea a trăit experiența de a-l detrona timp de o săptămână în topul vânzărilor pe Harry Potter. Nu există nici o dovadă că mâna de iluminați menționați mai sus ar fi avut ceva de câștigat din afacere.

Este o carte de bucate bună – ceva mai inventivă decât precedentele două descrise înaintea ei – și cu suficiente informații pentru a-i conferi cititorului o cultură de bază decentă. Conținutul este ordonat în mod alfabetic după ingrediente: pornește de la anșoa și ajunge la vițel, cu două până la șapte rețete la fiecare ingredient. Nu e deloc complexă, după cum ai putea crede, dar informațiile oferite funcționează bine și fiecare preparat se bucură de introduceri fermecătoare, pe care ar fi bine să le parcurgi înainte de a îneca totul în sos.

„BIBLIA SUPREMĂ DE GĂTIT CURRY" A LUI MADHUR JAFFREY

Există multe cărți de bucate bune din gastronomia etnică pe care ai putea să le alegi, însă printre cele mai apreciate – și mai ușor de citit – se evidențiază „Biblia supremă de gătit curry" a lui Madhur Jaffrey. Vei afla, probabil, că Jaffrey a scris multe cărți înainte și multe ulterior, dar în domeniul utilizării *curry*-ului în India, Singapore, Malaysia, Tailanda, Japonia, Marea Britanie și chiar SUA, ca să numim doar câteva state, această „biblie" e cea mai bună. Servește ca o ilustrare grozavă a răspândirii acestui ingredient în lumea largă – dacă vrei să mai adaugi detalii de istorie culinară în conversație – și, cel mai important, conferă o bază solidă de cunoștințe în utilizarea diferitelor mirodenii, pe care le poți folosi ulterior cu alte ocazii. Poți adăuga faptul că Jaffrey nu e doar o faimoasă actriță în țara sa natală, India, dar este considerată și cea mai bună scriitoare indiană de gastronomie din toate timpurile.

Industria culinară se mișcă atât de rapid, încât cariere întregi pot începe și se pot încheia cât timp citești această frază.

NUME IMPORTANTE

Lumea gastronomiei a atras dintotdeauna personalități. De la cei gen Parmentier, la alții mai rotunjori și veseli și până la cei care înjură cu nesaț și obidă în stil scoțian; de la bucătarul cu ochelari rotunzi și implacabil de meticulos sau la cel voluptuos care își linge degetele, până la individul care șterpelește din magazine, lumea culinară este bogată în personaje ce depășesc uneori imaginația și, mai ales, oportunitățile de a le invoca în conversație.

Problema, aici, este că obsedații de gastronomie cu care vei conversa, probabil, vor invoca aceste nume și încă foarte des. Pot fi personaje istorice pe care trebuie să le știi, nume din prezent pe care trebuie să le știi și viitoare nume pe care, de asemenea, trebuie să le știi. Primele două categorii nu ridică probleme, însă a treia e mai dificilă. Industria culinară se mișcă atât de rapid, încât cariere întregi pot începe și se pot încheia cât timp citești această frază.

Vei avea de-a face cu interpelări de genul: „Ți-l amintești pe X? Era sub-chef la Y, sub Z. B. era prin preajmă cam în aceeași perioadă. Ei bine, el și A. și-au unit forțele și au deschis o instalație franceză / cubaneză, cu tema club de cină, care se cheamă C. Este ceva similar cu D. din Brooklyn, doar că tipii ăștia lucrează exclusiv organic și E. se ocupă de prepararea băuturilor și totul este servit pe farfurii lucrate manual din lemn cu pânză de sac biodegradabilă, de care a făcut rost nevasta lui F. dintr-o fermă colectivă din Umbria."

Dacă începi să vezi hăul adânc al necunoașterii cum își cască larg gura la picioarele tale, aplică o tactică de succes în cel puțin 95% din astfel de conversații: „X? Mi-e cunoscut numele. Nu lucra la *Noma* sub Redzepi? Y? Mi-e cunoscut numele. Nu lucra la *elBulli* sub Adrià?" Sau, pentru a obține punctaj maxim în arta blufatului: „Z? Mi-e cunoscut numele. Nu a lucrat la *Noma* sub Redzepi și apoi la *elBulli* sub Adrià? "

Cum am menționat, poți aborda și opțiunea dezarmantă de a admite că nu știi despre cine sau despre ce se discută. E un fel de tehnică de bluf antibluf, dar demonstrează un grad de încredere în sine și permite adesea să schimbi cursul conversației către subiecte cu care ești mai familiar.

Iată, totuși, câteva nume istorice și curente pe care a) ar trebui să le știi; b) ar trebui să le menționezi ocazional, pentru a-ți demonstra cultura vastă în domeniu.

RENÉ REDZEPI

Redzepi este bucătar danez și co-proprietar al restaurantului *Noma* din Copenhaga, un local cu 2 stele Michelin. Din 2010 în 2012, *Noma* a fost considerat cel mai bun restaurant din lume de către cei care acordă premiile „Cele mai bune 50 de restaurante din lume". De aceea, orice tânăr și aspirant bucătar își dorește să petreacă ceva timp pe-acolo lucru care s-a și întâmplat, deja, în multe cazuri.

Cartea de vizită a lui Redzepi este „noua bucătărie nordică", care folosește exclusiv ingrediente create în Scandinavia. E motivul pentru care nu vei avea parte la *Noma* de ulei de măsline, de roșii sau de foie gras în meniu, ci de papură, licheni sau carne de bou moscat.

În afară de perioada de instruire din Copenhaga – la restaurantul *Pierre André* și apoi la *Kong Hans Kælder* – cea mai importantă influență asupra filosofiei culinare a lui Redzepi a fost perioada petrecută la *elBulli*, alături de Ferran Adrià. După ce a luat cina acolo în 1998, Redzepi a ajuns să lucreze în bucătărie în 1999. A petrecut patru luni și la *Spălătoria franceză*, un restaurant din Napa Valley, California.

În 2002, la 25 de ani, lui Redzepi i s-a oferit rolul de chef la ceea ce avea să devină *Noma*. Localul s-a deschis în 2004. Stelele Michelin au fost acordate în 2008, iar titlul de cel mai bun restaurant din lume doi ani mai târziu.

Ce e de spus. Chestia cu ingredientele locale, numărul de bucătari care au trecut pe la *Noma* (toată lumea, se pare) și, ca un citat, declarația lui René: „Pentru mine, bucătăria înseamnă ceva complet transparent și fără pretenții, un proces onest și generos, care are ceva autentic și original." Similar gastronomilor moleculari, deci.

FERRAN ADRIÀ

Ferran Adrià a fost bucătar șef la *elBulli* și este considerat fondatorul mișcării „gastronomiei moleculare". Este filosofia culinară care se joacă cu senzații și cu știința culinară. Adrià este faimos pentru spumele sale aromate și pentru dorința de a crea „contraste surprinzătoare de savori, temperatură și textură; nimic nu e ceea ce pare; ideea este de a provoca, de a surprinde și de a încânta."

Și-a început cariera ca spălător de vase în Barcelona și a devenit apoi amiral al bucătăriei în timpul îndeplinirii serviciului militar în marina spaniolă. A venit la *elBulli* ca bucătar de linie în 1984. Mai târziu în acel an, el și colegul său Christian Lutaud au preluat conducerea bucătăriei, după plecarea bucătarului șef. Ar fi trebuit să fie temporar, dar această pereche n-a mai fost înlocuită de atunci.

Lutaud a ales să plece în 1987, lăsându-l pe Adrià să transforme *elBulli* în restaurantul legendar care este azi.

În 1990, Adrià a cumpărat restaurantul, alături de un partener de afaceri. Imediat după, sub influența unor bucătari precum Michel Bras și Pierre Gagnaire din Paris, Adrià și-a dezvoltat abordarea avangardistă a gastronomiei. Restaurantul s-a închis în iulie 2011 și a fost redeschis în 2014 ca „centru de creație".

elBulli a fost votat „Cel mai bun restaurant din lume" în 2002, 2006, 2007, 2008 și 2009 – un record neegalat încă. Blufeurul trebuie să menționeze chestia asta la fiecare ocazie posibilă și să sublinieze că se simte privilegiat pentru că a avut șansa de a mânca acolo în zilele de glorie.

Ce e de spus. Adrià a spus la un moment dat că inovația nu constă în a face ceva pentru prima dată. „Nu contează să fii primul, ci să transformi acea idee în concept." Pentru a ilustra ce vrea să spună, pomenește exemplul soldaților romani care purtau fuste scurte, dar a fost nevoie de Mary Quant[13] pentru ca acestea să devină un simbol al modei universale.

JEFFREY L. STEINGARTEN

Steingarten nu este doar un bucătar, ci o sursă fantastică de informații meticulos studiate și talent scriitoricesc. Fost avocat, a devenit critic gastronomic al revistei *Vogue* în 1989. Nu e cea mai convențională traiectorie profesională, dar pierderea justiției e câștigul gastronomiei. Este oarecum unic în lumea criticilor culinari prin

13 – Dame Barbara Mary Quant (1934), designer vestimentar de origine scoțiană acreditată pentru transformarea minijupului în simbol al modei.

faptul că nu ascunde pasiunea sa pentru „dulce”, menționând la un moment dat că „unul din meritele președintelui Ronald Reagan este că a pus un borcan de bomboane pe birou.”

Există două colecții ale articolelor sale din *Vogue*: „Omul care a mâncat orice” și „E probabil ceva ce-am mâncat”. Potrivit descrierii criticilor de carte din *The New York Times*, aceste colecții sunt, în același timp, „cărți de bucate, jurnale de călătorii, tratate medicale și științifice.” Tipul știe probabil mai mult despre alergii alimentare decât oricine pe lumea asta.

Ce e de spus. „Omul care a mâncat orice” conține un eseu extraordinar despre sare, în care se spune că aceasta este dăunătoare pentru doar 8% din populație. Este un amănunt demn de reținut și de menționat ori de câte ori cineva susține pe un ton superior și enervant că „noi nu mai folosim deloc sare în mâncare.” Poți s-o iei și ca pe o răzbunare pentru fiertura fără gust pe care tocmai ți-a servit-o.

HESTON BLUMENTHAL

Un geniu cu ochelari rotunzi, guru al gastronomiei moleculare sau un om de știință țicnit? În domeniul grandorii gastronomice, acești termeni nu se exclud neapărat.

Fost recuperator de datorii, Heston este un bucătar autodidact. Legenda spune că prima sa slujbă plătită în bucătărie a fost în propriul său restaurant, *The Fat Duck* (Rața grasă), deschis în orașul britanic Bray, în 1995. Înainte de asta, a petrecut o săptămână, ca să câștige experiență, cu Raymond Blanc.

Preparatele de la *The Fat Duck*, care are 3 stele Michelin, precum și de la celelalte restaurante pe care le deține includ fructe cu carne (parfe de ficat de pui acoperit cu jeleu de portocale, ca să arate ca o portocală) și feluri pe bază de pește sub denumirea de Sunetele Mării care, în timpul servirii, sunt acompaniate de căști la care consumatorul ascultă țipete de pescăruși și valuri care se sparg de stânci, pentru a-și intensifica experiența. „Mâncăm cu ochii, cu urechile și cu nasul", susține Heston, ceea ce poate sugera, de asemenea, că bluzele lui sunt într-o stare jalnică.

Ce e de spus. Heston este faimos pentru ideile sale neobișnuite, prin care a dus conceptul gastronomiei moleculare într-un ținut al experiențelor excentrice și senzoriale. Totuși, nu apreciază foarte tare termenul, susținând că face ca gătitul să pară o chestiune mult prea „elitistă".

JAMES BEARD

Vei observa adesea că un bucătar american deține un premiu Beard. Nu are nici o legătură cu o eventuală podoabă facială din păr (beard = barbă), ci este o distincție conferită de un sistem de premiere înființat de *chef*-ul american – și scriitor totodată – James Beard.

Beard s-a născut în 1903 și susținea că primele amintiri culinare le deține din timpul expoziției *Lewis and Clark* din 1905, organizată în onoarea primei expediții care a traversat teritoriul american până la coasta Pacificului, cu un secol în urmă. Aparent, Beard era încântat de procesul de fabricare al *Triscuits* (un brand american de biscuiți), fapt care i-a schimbat ulterior viața.

„Nu e o uluitor? La 2 ani, s-a format acea amintire. Și apoi m-a intrigat la culme", a povestit mai târziu. *Triscuits*, însă, nu au mai avut un rol important în cariera sa culinară, pe care a îmbrățișat-o relativ târziu.

Actor fiind, Beard a trăit o vreme în Paris, unde a devenit un adevărat francofil. Odată revenit în Statele Unite și căutând din greu portița spre afirmare în anii '30, Beard a deschis, alături de un prieten, o companie de catering sub denumirea de *Hors d'Oeuvre*. Prima sa carte, *Hors D'Oeuvre & Canapés* (trad. „Aperitive și sandvișuri"), a apărut cam în acele vremuri de început. În 1955, era deja o personalitate a televiziunii și autor culinar, care a și înființat apoi Școala de gastronomie James Beard.

Ce e de spus. Filosofia Beard era de a crea mâncare bună, preparată cât mai simplu, din ingrediente americane, și de a apăra și de a promova plăcerea gătitului împotriva succesului tot mai mare al semipreparatelor. Julia Child (vezi mai jos) l-a numit „Decanul bucătăriei americane."

MARIE-ANTOINE CARÊME

Carême a fost unul dintre primii susținători ai marii gastronomii, remarcabilul stil culinar extravagant născut în Paris, la începutul secolului al XIX-lea. În timpul Revoluției franceze, a găsit de lucru la un restaurant parizian specializat în cotlete – ceea ce n-a fost foarte comod pentru un puști de bucătărie cu nume de fată – înainte de a fi ucenicul unui patiser și de a-și deschide, în cele din urmă, propriul local. Carême este faimos pentru piesele montate de patiserie și cofetărie – adevărate sculpturi enorme expuse în vitrină, bazate pe o arhitectură elaborată, de la piramide la temple străvechi. Printre alte lucruri, i se atribuie invenția *Croquant*-ului (o gustare crocantă din alune și miere) și a brioșelor tip *solilemmes*, renumite ulterior în Anglia sub denumirea de Sally Lunns.

După ce a creat preparate de patiserie pentru ministrul de externe francez Charles Maurice de Talleyrand și pentru Napoleon, între numeroase alte figuri ale politicii franceze, Carême a început să gătească și feluri principale. Napoleon a finanțat cumpărarea Castelului de Valençay lângă Paris ca un club diplomatic de socializare pentru Talleyrand, care i-a trasat lui Carême următoarea provocare: să creeze un întreg meniu de sezon, fără a repeta vreun preparat. Bucătarul a trecut acest test și a lucrat acolo până la căderea lui Napoleon, când a plecat la Londra și a devenit bucătarul prințului regent (ulterior regele George al IV-lea), înainte de a reveni la Paris, unde a devenit *chef*-ul faimosului bancher James Mayer de Rothschild.

Ce e de spus. Carême are, de asemenea, meritul inventării *tocii*, faimoasa pălărie de bucătar. De aceea, în orice conversație despre marile gastronomii ale lumii, tipul ăsta merită din plin menționat.

DOAMNA BEETON

Isabella Mary Beeton este autoarea cărții „Cartea doamnei Beeton despre managementul gospodăriei", publicată în 1861 în Anglia și, probabil, cea mai faimoasă carte de bucate publicată vreodată. Pregătirea ei? A fost cea mai mare dintre frați într-o numeroasă familie victoriană de 20 de copii și s-a măritat cu Samuel Orchart Beeton, director de ziar, care a lansat „Revista de casă a femeii engleze" – o revistă de mare succes în rândul femeilor din clasa de mijloc – pentru care scria articole despre rețete și organizarea casei. Tot ce a scris a fost la un moment dat publicat sub forma unui singur volum – „Cartea despre managementul gospodăriei" – un ghid pentru gestionarea tuturor problemelor unei case victoriene, de la coordonarea servitorilor la creșterea copiilor.

Ce e de spus. Doamna Beeton a murit la doar 28 de ani, probabil în urma bolii de sifilis căpătate de la soțul ei (deși chestia asta nu s-a demonstrat în mod concludent). Ai putea adăuga și faptul că nu ea este autoarea rețetelor prezentate, care proveneau de la autori precum Eliza Acton, dar soții Beeton nu au pretins niciodată că ar fi originale.

ANTHONY BOURDAIN

Se pare că e tipul care, mulțumită a două cărți destul de bune, a stârnit maselor un entuziasm considerabil pentru mâncare. Bourdain este bucătar american, dar și autor de cărți și, ceva mai recent, personalitate TV a postului de televiziune Channel 4, cu emisiunea *The Taste*.

Kitchen Confidential („Confidențial în bucătărie") este cartea care l-a făcut celebru pe Bourdain, mai puțin printre new-yorkezi, care îi știau deja localul, *Brasserie Les Halles,* drept locul în care poți merge pentru mâncare franceză adevărată, pe bază de carne.

Cartea este o prezentare a dragostei lui Bourdain pentru mâncare, de la o simplă vacanță de familie în Franța în vremea copilăriei până la cariera construită în domeniu, dar și o privire piezișă dincolo de cortină, în culisele industriei și asupra tipurilor de caractere pe care aceasta le atrage. Această idee avangardistă și mai ales urmarea ei, serialul TV „Turneul unui bucătar" (în care Bourdain pornește în căutarea celui mai bun preparat din lume) i-au conferit reputația unui tip abordabil, dispus să încerce orice.

Ce e de spus. *Confidențial în bucătărie* a fost foarte des imitată și, probabil, niciodată depășită în valoare. Este cartea la care revii de fiecare dată când simți că pasiunea pentru mâncare începe să-și piardă din intensitate. Un blufeur poate da greș mult mai grav decât dacă-l citează pe Bourdain spunând „Corpul nostru nu este un templu, este un parc de distracții."

ELIZABETH DAVID

Decana scriiturii culinare britanice, un critic aspru al gastronomiei engleze de calitate proastă și la fel de faimoasă pentru atitudinea sa rece, cât și pentru omleta cu bacon. Există argumente solide potrivit cărora Elizabeth David a contribuit mai mult ca oricine la înflorirea mișcării culinare britanice. Reușind să evite construirea unui cult al personalității prin televiziune, numele său este relativ necunoscut multora care pretind că se pricep la gastronomie – ceea ce înseamnă că menționarea numelui său să fie extrem de oportună.

Entuziasmul său pentru bucătăria mediteraneeană – ca și disprețul pentru gătitul de proastă calitate – a stârnit mult interes în anii '50 și '60. Pentru mulți britanici care sufereau încă privațiunile raționalizării post-război, ea a fost prima care a promovat ingrediente precum pastele, vinetele, uleiul de măsline și ardeiul iute în mâncare.

Bucătar autodidact, David a început să scrie articole despre gastronomia mediteraneeană pentru revista *Harper's Bazaar*, pe care le-a publicat ulterior în volumul „Carte despre mâncarea mediteraneeană". Cartea a avut un succes enorm, fiind urmată de „Gătit în stil franțuzesc" și de „Mâncarea italiană". Destul de neobișnuit pentru acea vreme, ea a ales să petreacă mai multe luni în țările despre care a scris, pentru a lua contact direct cu acea cultură locală și pentru a culege rețete și idei.

Ce e de spus. Nu prea există sinteze în cazul ei. În afară de faptul că a revoluționat scriitura culinară din Marea Britanie, David a avut și o viață amoroasă infamă și complicată, fiind o tipă extrem de directă și liberă în exprimare despre orice. Folosea expresia „crocant" referindu-se la ceea ce ea considera standarde Michelin de proastă calitate, spunea cu dispreț „garnituri împopoțonate" și, în mod special, refuza să vândă prese de usturoi în faimosul său magazin culinar. Scriitorul Auberon Waugh (fiul lui Evelyn)[14] declara la un moment că, dacă i s-ar cere să numească o persoană care a adus o dezvoltare semnificativă vieții britanice în secolul al XX-lea, „votul meu va merge către Elizabeth David."

JULIA CHILD

Faima – și cariera culinară – au ajuns relativ târziu în viața bucătarului de televiziune și scriitoarei de origine americană Julia Child. Născută în 1912, abia în 1948 a ajuns pe traiectoria care - efectiv - avea să-i schimbe destinul. Soțul ei, Paul, a fost numit într-un post al Serviciului de Informații american din cadrul Ambasadei americane la Paris, ocazie cu care Julia a urmat cursurile școlii de gastronomie *Le Cordon Bleu*. Alături de alte două colege, a inițiat proiectul *L'École de Trois Gourmandes* („Școala celor 3 gurmande"), colaborând pentru publicarea unei cărți de adaptare a bucătăriei franceze la obiceiurile americane.

„Deprinderea artei gastronomice franceze" a fost publicată în 1961 și a rămas cea mai bine vândută carte de bucate timp de 5 ani la rând. Reacția publicului a fost atât de bună, încât i s-a oferit propria emisiune la TV, intitulată „Bucătarul francez". A avut un succes

---

14 – Evelyn Waugh (1903 – 1966) a fost scriitor britanic, autor de nuvele, biografii și jurnale de călătorie; Auberon Waugh (1939 – 2001) a fost jurnalist englez și fiul cel mare al lui Evelyn.

enorm, fiind transmisă pe tot teritoriul american și transformând-o pe Child într-un adevărat star.

Ce e de spus. Evident, a avut o influență importantă, o atitudine directă și o statură mai mult decât impresionantă – Child avea 1 m 87 cm în înălțime, ceea ce o ajuta să iasă în evidență imediat. La fel de remarcabilă este prezența ei centrală în cartea și filmul „Julie&Julia", povestea despre cum un bucătar aspirant a petrecut un an întreg gătind tot ce se putea din cartea „Gastronomia franceză" a lui Child (rolul lui Child fiind interpretat de Meryl Streep). Stilul ei de a găti a fost însă și criticat, pentru cantitatea mare de grăsimi conținute, ceea ce n-a părut s-o deranjeze vreodată: a murit cu două zile înainte de a împlini 92 de ani.

„Aveam 32 de ani când am început să gătesc; până atunci, doar am mâncat."
Julia Child

GEORGES AUGUSTE ESCOFFIER

Înainte de Julia Child a fost, însă, Georges Auguste Escoffier, *chef*-ul francez al *chef*-ului francez. El a fost, probabil, tipul responsabil pentru ceea ce a s-a numit ulterior gastronomia franceză modernă, simplificând și modernizând stilul tradițional și pompos al lui

Carême și publicând apoi „Ghidul culinar", folosit și azi pentru rețete, tehnici și abordarea lui Escoffier în managementul bucătăriei.

Escoffier a învățat să gătească la restaurantul unchiului său, devenind ulterior bucătar în armată. Și-a deschis propriul restaurant în Cannes, după care s-a mutat în Monte Carlo, unde a condus bucătăria din *Grand Hotel*. Mai târziu, a ajuns la *Hotel National* în Lucerne, unde l-a întâlnit pe marele hotelier elvețian César Ritz. Cei doi au încheiat un parteneriat și, în 1890, li s-a oferit conducerea bucătăriei unui nou restaurant londonez numit Savoy.

Ce e de spus. Influența sa se simte încă în toată lumea, deși probabil cea mai durabilă și, poate, ironică împlinire a sa a fost să se mute la hotelul Ritz din Paris, unde a introdus conceptul ceaiului britanic de după-amiază. A fost un succes atât de mare, încât ideea a ajuns ulterior și la Londra.

Nu are sens să pretinzi că știi totul despre mâncare – nimeni nu știe (nici chiar cei mai obsedați adoratori culinari); dacă ai ajuns până aici și ai reținut ceva din informațiile și sfaturile prezente în aceste pagini, atunci vei înțelege cu siguranță mai mult ca 99% din restul omenirii despre rolul central al mâncării în cultura modernă. Vei ști, de asemenea, numele celor mai importanți bucătari și autori culinari din lume, ce trebuie să spui într-o conversație pe acest subiect și cum să te descurci, de fapt, în orice dezbatere despre gastronomia creativă. Cum folosești această informație depinde strict de tine, dar am o sugestie: folosește noile cunoștințe cu încredere, mergi mai departe cu ele și, mai ales, simte-te bine vorbind despre asta. Ești un expert adevărat în arta blufului într-un domeniu care a depășit de mult granițele nevoii umane de a supraviețui, devenind una dintre cele mai creative forme de artă ale secolului al XXI-lea. Dacă crezi chestia asta cu tărie, ai devenit un blufeur *prin excelență.*

GLOSAR

Există foarte multe cuvinte minunate în lumea culinară și este esențial să adaugi câteva dintre ele în vocabularul tău. Există o preponderență naturală a termenilor și expresiilor italienești și franțuzești deoarece, așa cum urmează să descoperi mai jos, totul despre mâncare sună mai bine în franceză sau în italiană.

Addition/Adunare – termen francez pentru gestul de a mima nota de plată cu mâna.

Affumicato – termen italian pentru „afumat"; un termen complex, care denotă o înțelegere profundă a procesului de preparare a mâncării.

Aigre-doux/dulce-sărat în franceză – un termen grozav pentru un bluf, deoarece descrie două tipuri de bucătărie în 3 silabe.

Al dente – nu e dur, doar suficient de rezistent; textura perfectă a pastelor, dar poate descrie la fel de bine legume sau orice poate avea o anumită rezistență la mușcătură.

à l'étouffée – în engleză, „stew" (tocană) sună ca un amestec plictisitor de carne și legume. În franceză, sună teribil de inspirat.

Amuse-bouche – termen francez, tradus prin „a distra gura". Se referă la aperitive potrivite pentru o îmbucătură, servite după inspirația bucătarului la începutul mesei; sunt menite a demonstra abordarea bucătarului dar, mai ales, să te mențină satisfăcut în așteptarea felului principal.

Andouillette – un cârnat preparat din regiunile inferioare ale porcului, care miroase precum regiunile inferioare ale porcului; un aliment cu care să te lauzi că ai reușit să-l mănânci și, totodată, subiect bun de bancuri cu porci între pasionații de gastronomie francezi și britanici.

à point – intermediar; în termeni francezi, asta înseamnă o friptură ușor încălzită la flacăra unui chibrit.

Ardente – a nu fi confundat cu al dente, acest termen este un cuvânt italienesc ceva mai obscur, care înseamnă iute și picant.

Beignet – termen franțuzesc; dacă-i spuneai gogoașă, nu se mai justifica prețul.

Biscotti – dacă-i spuneai biscuit, iarăși nu se justifică prețul; întâmplător, este și termen italienesc pentru „copt de două ori".

Bleu – ceva mai jos de *à point*, este aceeași bucată de friptură, dar fără chibrit.

Bocconcini – descrie micile biluțe de mozzarella proaspătă; tradus, înseamnă „care umple gura."

Bouchée – termenul francez pentru bocconcini: „o mică mușcătură care-ți umple gura".

Buongustaio – „Gourmet" este un binecunoscut termen francez pentru cineva care apreciază delicatesele culinare. Acesta este echivalentul italienesc, ceva mai puțin cunoscut.

Brûlée – ai mânca ceva promovat drept „ars"? Ai mânca, dacă e ars în franceză.

Carpaccio – felii subțiri de carne crudă ușor afumată, foarte populară ca aperitiv în restaurantele italienești. Numele trebuie scris cu majusculă, deoarece provine de la un pictor renumit pentru nuanța de roșu folosită în tablourile sale.

Casu marzu – un fel de brânză din lapte de oaie tradițional în Sardinia. Să nu te mire dacă zvâcnește când încerci s-o mănânci. Este aromată cu viermi vii.

Chiffonnade – preparatul care tocmai te-a dezamăgit a avut drept garnitură câteva frunze de salată creață și legume. Dacă îi spui, însă, *chiffonnade,* devine chiar demn de o stea Michelin.

Eau du robinet – expresie franceză pentru apa de la chiuvetă. Dar sună mai bine.

Fumé – termen francez pentru afumat.

Granita – dă-le oamenilor vin rece ca gheața și dulce sau suc de fructe și nu obții cine știe ce efect. Mergi pe varianta italienească și oferă-le *granita* de vin sau de lămâie și se vor simți ca-n Rai.

Julienne – felii de legume, altfel servite sub forma unui teanc deloc atractiv. Unii merg la școala de catering ca să învețe să taie *julienne.* Nimeni nu înțelege de ce.

Latte – deși folosit ca prescurtare a denumirii caffè latte în orice altă parte a lumii nevorbitoare de italiană, cere așa ceva într-o cafenea din Italia și vei primi un pahar cu lapte.

Marmite – cremă de drojdie învârtită în Infern de orci sau țesută în Rai de îngeri, în funcție de opinia fiecăruia. În realitate, este cuvântul francez pentru oala cu capac care apare pe eticheta produsului britanic, de aici și numele produsului.

Mornay – înmoaie ceva în sos de brânză și va părea că ai ceva de ascuns. Spune-i în schimb *mornay* și imediat va suna mult mai impresionant.

Panna cotta – un desert italienesc care, potrivit tradiției, ar trebui să freamăte ca sânul unei femei când farfuria este mișcată; traducerea, însă, este cât se poate de cuminte: „cremă coaptă".

Ragù – un sos de carne pentru paste, dar termenul poate denumi orice sos care conține carne tocată sau tăiată foarte mărunt. Poți turna niște sos cu carne tocată în farfuria cuiva... sau poți servi un *ragù* extraordinar de elegant și bine închegat.

Salami – după cum bine știi, este un cârnat italienesc făcut din carne afumată și tocată, acoperită de mirodenii și formată ca un cârnat. Dacă servești mai mult de un fel, deja ai obținut...

Salumi – termenul corect care denumește pluralul cuvântului *salami* și carnea afumată în mod similar.

Stufato – un termen italienesc plăcut și foarte precis. *Stufato* înseamnă tocană; totuși, dacă bucățile de carne sunt mai mici, atunci tocanei i se spune *spezzatino.*

Zeppole – dacă un local de pește și cartofi prăjiți ar servi foietaj prăjit, ai crede că le arde de glume. În italiană, însă, termenul are conotații pozitive și abilitatea de a-ți lăsa gura apă.

CUPRINS

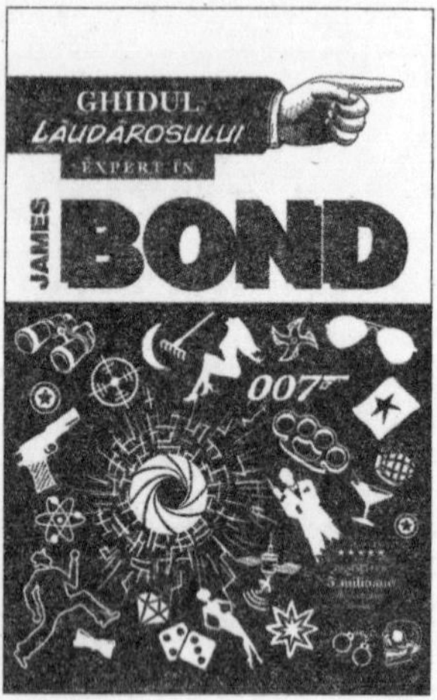
GHIDUL
LĂUDĂROSULUI
EXPERT ÎN
JAMES
BOND
007

GHIDUL
LĂUDĂROSULUI
EXPERT ÎN
SKI